建筑工人岗位培训教材

装饰装修木工

本书编审委员会　编写

胡本国　主编

中国建筑工业出版社

图书在版编目（CIP）数据

装饰装修木工/《装饰装修木工》编审委员会编写. —北京：中国建筑工业出版社，2018.8
建筑工人岗位培训教材
ISBN 978-7-112-22532-3

Ⅰ.①装… Ⅱ.①装… Ⅲ.①建筑装饰-工程装修-木工-技术培训-教材 Ⅳ.①TU759.5

中国版本图书馆 CIP 数据核字（2018）第 179650 号

　　本教材是建筑工人岗位培训教材之一。按照新版《建筑装饰装修职业技能标准》的要求，对装饰装修木工初级工、中级工和高级工应知应会的内容进行了详细讲解，具有科学、规范、简明、实用的特点。

　　本教材主要内容包括：图纸识读，房屋构造，木门窗、木装修材料，抄平、放线，地板铺设，门窗、隔墙、吊顶、木装修，地毯铺设，用工、用料计算，验收，常用机具使用和维护，放线、检测工具，习题。

　　本教材适用于装饰装修木工职业技能培训，也可供相关职业院校实践教学使用。

　　责任编辑：高延伟　李　明　葛又畅
　　责任校对：党　蕾

建筑工人岗位培训教材
装饰装修木工
本书编审委员会　编写
胡本国　主编
*
中国建筑工业出版社出版、发行（北京海淀三里河路 9 号）
各地新华书店、建筑书店经销
北京红光制版公司制版
北京建筑工业印刷厂印刷
*
开本：850×1168 毫米　1/32　印张：4¾　字数：125 千字
2018 年 9 月第一版　2018 年 9 月第一次印刷
定价：**16.00** 元
ISBN 978-7-112-22532-3
（32607）

建筑工人岗位培训教材
编审委员会

出 版 说 明

国家历来高度重视产业工人队伍建设，特别是党的十八大以来，为了适应产业结构转型升级，大力弘扬劳模精神和工匠精神，根据劳动者不同就业阶段特点，不断加强职业素质培养工作。为贯彻落实国务院印发的《关于推行终身职业技能培训制度的意见》（国发〔2018〕11号），住房和城乡建设部《关于加强建筑工人职业培训工作的指导意见》（建人〔2015〕43号），住房和城乡建设部颁发的《建筑工程施工职业技能标准》、《建筑工程安装职业技能标准》、《建筑装饰装修职业技能标准》等一系列职业技能标准，以规范、促进工人职业技能培训工作。本书编审委员会以《职业技能标准》为依据，组织全国相关专家编写了《建筑工人岗位培训教材》系列教材。

依据《职业技能标准》要求，职业技能等级由高到低分为：五级、四级、三级、二级、一级，分别对应初级工、中级工、高级工、技师、高级技师。本套教材内容覆盖了五级、四级、三级（初级、中级、高级）工人应掌握的知识和技能。二级、一级（技师、高级技师）工人培训可参考使用。

本系列教材内容以够用为度，贴近工程实践，重点突出了对操作技能的训练，力求做到文字通俗易懂、图文并茂。本套教材可供建筑工人开展职业技能培训使用，也可供相关职业院校实践教学使用。

为不断提高本套教材的编写质量，我们期待广大读者在使用后提出宝贵意见和建议，以便我们不断改进。

本书编审委员会

2018 年 6 月

前　　言

党的十九大报告提出要"建设知识型、技能型、创新型劳动者大军，弘扬劳模精神和工匠精神，营造劳动光荣的社会风尚和精益求精的敬业风气"。在 2017 年 9 月印发的《中共中央 国务院关于开展质量提升行动的指导意见》中，提出了健全质量人才教育培养体系，加强人才梯队建设，完善技术技能人才培养培训工作体系，培育众多"中国工匠"等要求。弘扬工匠精神，培育大国工匠，是实施质量强国战略的需要。国务院办公厅《关于促进建筑业持续健康发展的意见》（国办发〔2017〕19 号）中也提出了"加强工程现场建筑工人的教育培训。健全建筑业职业技能标准体系，全面实施建筑业技术工人职业技能鉴定制度"和"大力弘扬工匠精神，培养高素质建筑工人"要求。

按照住房和城乡建设部《关于加强建筑工人职业培训工作的指导意见》（建人〔2015〕43 号）等文件要求，为实现"到 2020 年，实现全行业建筑工人全员培训、持证上岗"的目标，按照住建部有关部门要求，由中国建设教育协会继续教育委员会会同江苏省住房和城乡建设厅执业资格考试与注册中心等组织国内行业知名企业专家、高级技师和院校学者、老师以及一线具有丰富工程施工操作经验人员，根据《建筑装饰装修职业技能标准》JGJ/T 315—2016 的具体规定，共同编写这本建筑工人岗位培训教材。

本书以实现全面提高建设领域职工队伍整体素质，加快培养具有熟练操作技能的技术工人，尤其是加快提高建筑工人职业技能水平，保证建筑工程质量和安全，促进广大建筑工人就业为目标，以建筑工人必须掌握的"基层理论知识"、"安全生产知识"、

"现场施工操作技能知识"等为核心进行编制，本书系统、全面、技术新、内容实用，文字通俗易懂，语言生动简洁，辅以大量直观的图表，非常适合不同层次水平、不同年龄的建筑工人在职业技能培训和实际施工操作中应用。

本书由胡本国主编，深圳市建艺装饰集团股份有限公司刘庆云、深圳瑞和建筑装饰股份有限公司于波为副主编，北京市金龙腾装饰股份有限公司谢宝英，浙江银建装饰工程有限公司叶友希，深圳瑞和建筑装饰股份有限公司魏惠强，江苏华特建筑装饰股份有限公司毛桂余，深圳市深装总装饰股份有限公司汪欣早，苏州金螳螂建筑装饰股份有限公司呆晓东、周晓军，南京华夏天成建设有限公司刘勤，苏州迈普工具有限公司（开普路 KA-PRO）闫寒光参与编写。

限于编者水平，虽经多次审校，书中错误与不当之处在所难免，敬请广大同仁与读者不吝指正，在此谨表谢忱！

目　　录

一、图 纸 识 读

（一）施工图识读

1. 投影总平面图识读

物体在光线照射下，会在地面或墙面上产生影子。这个影子可以作为表达物体的一种图形。同一物体如果照射的光线不同，影子也不同。假定一个光源，该光源发出的光线可以穿透物体，光线把物体的每个顶点和棱线都投射到投影面上。利用这些投射的点、线，可以表达出物体的形状。这种利用假想光线的投射方法得到的物体形状，称之为物体的投影。投影通常分为中心投影和平行投影两类。中心投影法是投射线相交于一点的投影法；平行投影法是用相互平行的投射线对物体做投影的方法，见图1-1。平行投影法又分为投射线垂直于投影面的正投影法和投射线倾斜于投影面的斜投影法两种。通常绘制平面图、立面图、剖面图、详图等图纸时都是采用正投影法。

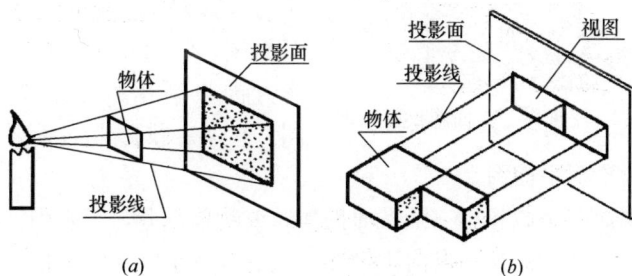

图 1-1 投影图的形成

（a）中心投影；（b）平行投影

正投影法具有以下特点：

（1）同素性。点的投影仍是点，直线的投影一般情况下仍是直线。

（2）从属性。若点在直线上，则该点的投影必定在直线的投影上。

（3）积聚性。平行于投射线的空间直线，投影积聚为一个点；平行于投射线的平面图形，投影积聚为一条直线。

（4）可量性。当空间线段平行于投影面时，其投影反映空间线段的方向和实际长度；当空间平面图形平行于投影面时，其投影反映空间平面图形的真实形状和大小。

（5）类似性。倾斜于投影面的空间线段，其投影仍为线段，但投影线长度短于空间线段的实长；倾斜于投影面的平面图形，其投影为原平面图形的类似形。

（6）平行性。空间平行两直线的投影仍保持互相平行的关系。

2. 平面图、立面图、剖面图

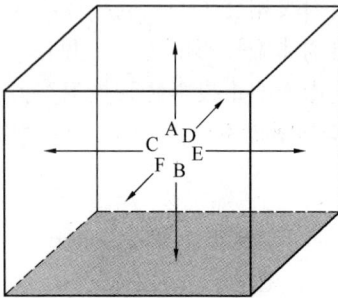

图1-2　平面图、立面图投影原理

平面、立面、剖面图都是用平行投影法原理绘制的。在图1-2所示的假想房间中，B所示投影方向投射出的投影为平面图，C、D、E、F所示投影方向投射出的投影为立面图，A所示投影方向投射出的投影为顶面平面图。

剖面图是假想用一个平面把建筑或物体剖开，让它内部的构造显示出来，向某一方向正投影，绘制出的形状及其构造，见图1-3。除剖面图外，还有一种剖视图，也是假想用一个剖切平面剖切物体，仅画出被剖到部分的图形，称为断面图。

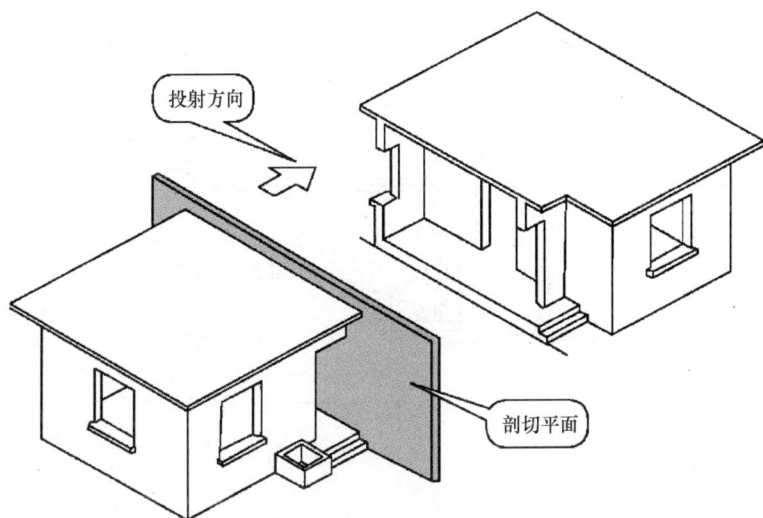

图 1-3　剖面图投影原理

（二）节点详图和标准图

1. 节点详图

节点详图反映节点处构件代号、连接材料、连接方法以及施工安装等方面的内容。

施工图应将平面图、吊顶平面图、立面（剖立面）图中需要更清晰、明确表达的部位（往往是其他图纸无法交代或难以表达清楚的）索引出来，绘制节点图（详图）。

节点图（详图）的基本要求是：应标明物体、构件或细部构造处的形状、构造、支撑或连接关系，并标注材料名称、具体技术要求、施工做法以及细部尺寸（图 1-4、图 1-5）。

2. 标准图

本节主要介绍制图标准和标准图集。

（1）制图标准

国家现行的建筑工程制图标准主要有《房屋建筑制图统一标

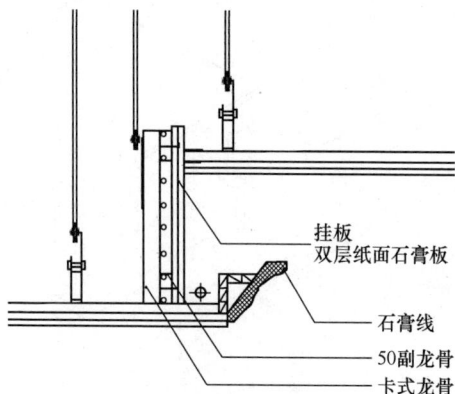

挂板
双层纸面石膏板
石膏线
50副龙骨
卡式龙骨

图 1-4　吊顶灯槽节点图

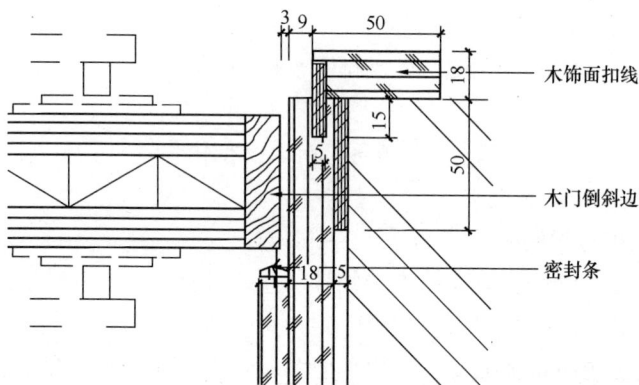

木饰面扣线
木门倒斜边
密封条

图 1-5　木门套节点图

准》GB/T 50001—2017、《建筑制图标准》GB/T 50104—2010、《房屋建筑室内装饰装修制图标准》JGJ/T 244—2011 等（图 1-6），主要是为了统一房屋建筑制图规则，保证制图质量，提高制图效率，做到图面清晰、简明，符合设计、施工、存档的要求，适应工程建设的需要而制定的标准。

（2）标准图集

标准图集，为便于标准化设计，节省图纸量，方便设计，节

图1-6　房屋建筑制图统一标准、房屋建筑室内装饰装修制图标准

省设计时间，根据国家规范、行业或地方标准，结合工程实际情况，由标准设计院进行设计绘制，并作为设计指导及参考文件而编制的各建筑工程各专业图集。图集是工程建设标准化的重要组成部分，是工程建设标准化的一项重要基础性工作，是建筑工程领域重要的通用技术文件。

建筑装饰装修专业编制的标准图集较多，主要有：《内装修——室内吊顶》12J502—2、《内装修——墙面装修》13J502—1、《内装修——楼(地)面装修》13J502—3等(图1-7)。

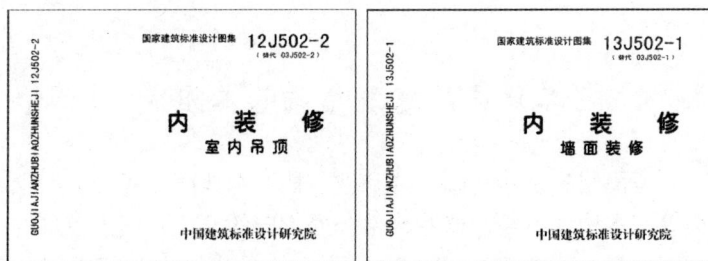

图1-7　内装修——室内吊顶、内装修——墙面装修

二、房 屋 构 造

（一）民用建筑分类及用途

民用建筑按照其用途分为居住建筑、公共建筑及综合建筑。居住建筑是指各种住宅楼；公共建筑是指各种商业大厦、教学楼、影剧院、医院等；综合建筑是指各种商住楼、多功能大厦等。

居住建筑按层数分为：1～3 层为低层；4～6 层为多层；7～9 层为中高层；10 层以上为高层。公共建筑及综合建筑总高度超过 24m 者为高层（不包括高度超过 24m 的单层主体建筑）。建筑物高度超过 100m 时，不论是居住建筑或公共建筑均为超高层。

民用建筑按其主体承重结构用料不同，主要分为砖混结构、框架结构和框架-剪力墙结构。砖混结构是指墙体用砖砌体，楼板用钢筋混凝土板。框架结构是指由柱、梁组成立体骨架，并作为主要承重结构。一般低层、多层的居住建筑采用砖混结构，高层的民用建筑则多采用框架结构或框架-剪力墙结构。

（二）民用建筑结构基本组成

一般民用建筑由基础、墙和柱、楼层和地面、楼梯、屋顶和门窗等基本构件组成，这些构件分处不同的部位，发挥各自的作用（图 2-1）。其中有的起承重作用，承受建筑物全部或部分载荷，确保建筑的安全；有的起围护作用，保证建筑物的使用和耐久年限；有的构件则起承重和围护双重作用。

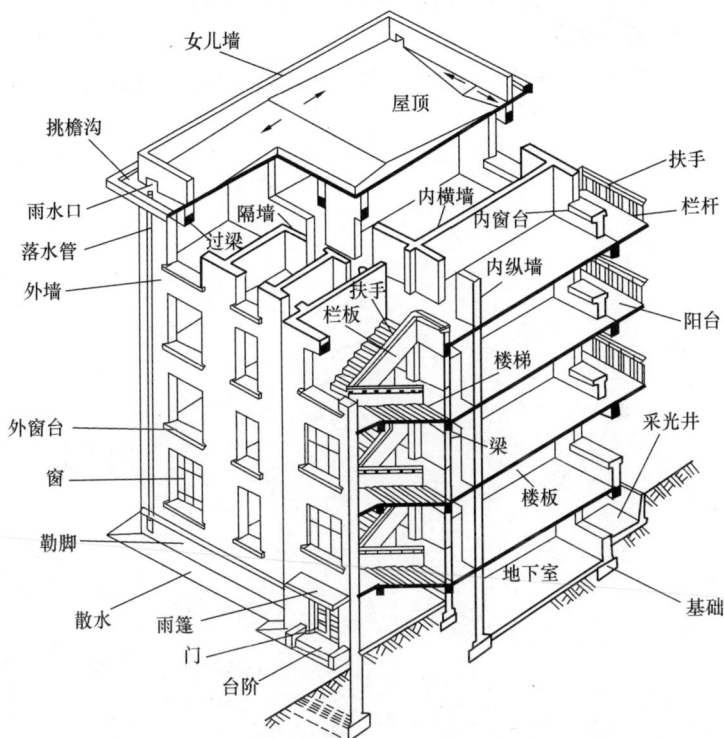

图 2-1　剖面图投影原理

1. 基础

基础是建筑物最下部的承重构件，它承受建筑物的全部荷载，并将荷载传给地基。

2. 主体结构

主要结构有：柱、梁、楼板、承重墙、非承重墙、楼梯、栏杆、阳台、雨篷、门窗等。

3. 建筑屋面

含：檐口、挑檐、女儿墙、天沟等。

4. 建筑装饰装修

主要是对顶棚、墙柱面、地面进行装饰装修。

5. 室外建筑

主要包括：勒脚、散水、明沟、坡道、泛水等构造。

三、木门窗、木装修材料

（一）木　制　品

1. 木制品分类

（1）分类、规格

木材按加工与用途的不同，可以分为圆材和锯材两种，其中圆材又可以细分为原木和原条。装饰装修工程一般用锯材，是指按一定尺寸加工成的板材或方材。断面宽度为厚度的三倍及三倍以上的称为板材，断面宽度为厚度的三倍以下的称为方材。锯材一般用作枕木、罐道木、机台木、门芯板、木隔断、屋面板、木地板、木门窗、木扶手、木屋架等。

（2）构造

木材构造依据采用的工具和放大倍数分为三个层次，分别为宏观构造特征、显微构造特征和超微构造特征。其中用肉眼或扩大镜所观察到的木材构造特征称为宏观构造特征。木材工业生产和流通中的识别、加工、使用主要是依据木材的宏观构造特征。

1）树根、树冠、树干

树根是树木的地下部分，是主根、侧根、毛根的总称。

树冠中的大枝可生产一部分径级较小的木材，通常称为枝丫材，约占树木单件木材产量的 5％～25％，充分利用这部分木材可以制造纤维板、刨花板和细木工板等。

树干是树冠与树根之间的直立部分，是树木的主体，也是木材的主要来源，约占树株木材总体积的 50％～90％。

2）心材、边材

成熟树干任一高度上，其最后生成的木质部在最初的数年内，一方面起机械支持作用，另一方面还参与输导并储存养料，通常这部分木材的颜色较浅，处于树干横切面的边缘靠近树皮的一侧，故称为边材。经过一段时间后，边材的生活细胞开始发生变化，细胞内原生质逐渐消失而失去生机，就构成了材色较深的心材。心材由边材转化而来，因树种和生长条件的不同而有较大的差异。在转化过程中，伴随着各种木材抽提物形成，如树脂、色素、单宁、淀粉及侵填体，这些物质使心材的颜色加深。在实际工作中，根据颜色差异明显与否，将木材分为心材树种、边材树种和熟材树种三类。

3）三切面

宏观构造特征中定义了三个切面，分别是横切面、纵切面和弦切面。三个切面可以充分地反映木材结构特征。横切面是与树干主轴或木材纹理相垂直的切面，又称端面或横断面；径切面是顺着树干轴向，通过髓心与木射线平行或与年轮垂直的切面；弦切面是没有通过髓心的树干纵切面。

4）早材、晚材

寒、温带树木，在一年的早期所形成的木材，因细胞分裂速度快，而胞壁较薄、形体较大、颜色较浅、外观质地较松软，称为早材；到秋季，树木的营养物质流动缓慢，形成层细胞活动逐渐减弱，细胞分裂速度变慢并逐渐终止，此时形成的次生木质部细胞的胞腔小、胞壁厚，组织致密，木质较硬实、颜色也较深，称为晚材。

（3）特性

1）木材含水率

木材中的水分按其与木材结合形式和存在位置，可分为化学水、自由水和吸着水三种。

木材中含水分的数量，通常以含水率表示，即以水分重量占木材重量的百分率计算。其中由于木材重量的基数不同，区分为绝对含水率和相对含水率两种。绝对含水率是水分重量占绝干材重量的百分数。相对含水率是水分重量占湿材重量的百分数。在木材工业生产中，木材含水率通常以绝对含水率表示。

2）平衡含水率

生材或湿材在空气中会发生水分蒸发，称为解吸过程；反之，干材会从空气中吸着水分，称为吸湿过程。木材的吸湿和解吸的过程是可逆的，在进行过程中既存在水蒸气分子碰撞木材界面而被吸取（吸湿），同时也有一部分被吸取的水蒸气分子脱离木材向空气中散发（解吸）。木材的吸湿速度与解吸速度达到平衡时的木材含水率，称为平衡含水率。

2. 木制品主要品种、特性

（1）胶合板

胶合板是由三层或三层以上的单板按对称原则，相邻层木纹方向互相垂直组坯胶合而成的板材。通常其表板和内层板对称配置在中心层或板芯的两侧。与木板相比，其强重比高，幅面大，外表美观，各向异性减少，保留了天然材的优点，隐蔽了一部分缺陷。

（2）纤维板

纤维板是将树皮、刨花、树枝干、果实等废料经破碎浸泡、辗磨成木浆，使植物纤维重新交织，再经湿压成型，干燥处理而成。纤维板可分为硬质纤维板（HB）、软质纤维板（LDF、SB、IB）、中密度纤维板（MDF）、高密度纤维板（HDF）等种类。软质纤维板的特点是密度不大、物理力学性能不及硬质纤维板，主要在建筑工程中用于绝缘、保温和吸声、隔声等方面。中密度纤维板和高密度纤维板的幅面大、结构均匀、强度高、尺寸稳定变形小、易于切削加工、板边坚固、表面平整、便于直接胶贴和涂饰。可以有薄型、普通型和厚型板材。中密度纤维板主要用于家具生产和室内装修；高密度纤维板主要用于生产强化复合地板。刨花板是将木材加工剩余物、小径木、木屑等切削成碎片，经干燥后拌以胶料、硬化剂，在一定的温度下压制而成。

（3）细木工板

细木工板是芯板以木板条拼接而成，两表面为胶贴木质单板的实心板材。单板又称为表板，表板下面靠芯板的一层板称中板。两表板的质量允许有差异，质量较好的称为面板，另一面为背板。可以单面砂光、双面砂光或两面都不砂光。

细木工板的厚度规格为 16mm、19mm、22mm、25mm，质量等级分为一、二、三等级。

细木工板的芯板应为同一树种或性能相近的树种，含水率为6%～12%。芯条宽度不大于厚度的三倍，不允许有较大的裂纹、空洞等。细木工板的中板应有相同的木纹方向且与芯板纹理方向相垂直。细木工板的面板和背板的总厚度应大于 3mm，表板允许有适当的修补。

（4）刨花板

刨花板是木材或其他植物（如甘蔗渣）纤维加胶水压制而成的板材，也可以不加胶水而加入水泥、石膏等辅料压制而成。刨花板的厚度规格为 4～30mm，较多使用的是 16mm。民用刨花板主要是A 类刨花板，分为优等品、一等品、二等品。刨花板的质量指标有外观，有无金属夹杂物、污点，强度，吸水厚度膨胀率，含水率，握钉力等。刨花板具有幅面尺寸大、表面平整、结构均匀、长宽同性、无生长缺陷、不需干燥、隔声隔热性好、有一定强度、利用率低、切削加工性能差、游离甲醛释放量大、表面无木纹等特点。

（5）干缩、湿胀

干缩性和湿胀性是木材的一种固有的不良特性。木材干缩并非发生在木材中水分蒸发的全过程，而仅在木材含水率降至纤维饱和点以下时才开始。在纤维饱和点以下，随着木材含水率的降低，干缩量随之增大，直至木材含水率降为零时，其干缩量达到最大值。同样，木材的湿胀性也并不发生在吸水的全过程中，只有在其含水率在纤维饱和点以下时才发生。

（6）力学性能

木材抵抗外部机械力作用的能力称为木材的力学性质，包括弹性、黏弹性、硬度、韧性及各强度和工艺性能等。

木材是源自树木的生物材料，组织构造的因素决定了木材的各向异性。木材的强度根据方向和断面的不同而异。木材主要强度体现为：拉伸强度、压缩强度、弯曲强度、剪切强度四个方面。

（二）地　　毯

1. 地毯分类

地毯是用棉、毛、丝、麻、椰棕或化学纤维等原料加工而成的地面覆盖物。包括手工栽绒地毯、机制地毯和手工毡毯。广义上还包括铺垫、坐垫、壁挂、帐幕、鞍褥、门帘、台毯等。

（1）地毯材质

按地毯材质分类可分为纯毛地毯、混纺地毯、化纤地毯、塑料地毯等。

（2）表面纤维状

按表面纤维状可分为圈绒地毯、割绒地毯，以及圈割地毯三种。

（3）编制工艺

按编制工艺可分为手工地毯和机织地毯。

2. 地毯主要品种、特性

（1）剥离强度

剥离强度反映了地毯面层与起保护作用的背衬之间结合的牢固程度。剥离强度高的地毯在使用遇水时耐水能力强。

（2）耐磨性

作为地面装饰材料，地毯在使用过程中会受到磨损，使表面的绒毛层磨去而露出背衬，所以耐磨性越好，地毯的使用寿命越长。一般织地毯时所用绒线质量越好，绒毛长度越长，地毯的耐磨性越好。对于手工羊毛地毯，道数越多，地毯越致密，耐磨性也越好。

（3）弹性

地毯铺设使用后，会受到家具的重压，人们在其上行走也会施加压力，弹性不好的地毯，其厚度就会减少，使地毯的平整度降低。一般化纤地毯的弹性不及纯毛地毯，丙纶地毯的弹性不及腈纶地毯。

（4）耐燃性

各种地毯遇火时都会产生燃烧，故认定地毯耐燃性是在规定的燃烧时间里，燃烧范围在一定直径的圆以内。若地毯的耐燃性不合格，在使用过程中遇到火星会产生大面积燃烧，就会产生很大危害。

（5）粘合力

粘合力主要是衡量地毯的绒毛在背衬上粘结的牢固程度。

（6）静电性能

当人们在地毯上走动时，由于摩擦作用会在地毯表面产生静电，而地毯的材料又是绝缘的，静电不容易放出，所以化纤地毯若不经过处理，所带电荷比羊毛地毯多，容易吸尘，难以清扫，严重时人在上边行走有触电感觉。因此在合成纤维的生产中，常掺入适量具有导电能力的抗静电剂。

（7）抗老化性

抗老化性主要是针对化纤地毯而言。这是因为化学合成纤维在空气、光照等因素作用下会发生氧化，使其性能下降，缩短使用寿命。

（三）常用木材、木制品防火、防腐材料

1. 防火剂

木材经过防火剂浸渍处理，在起火时，能阻止或延缓木材温度的升高，降低火焰蔓延的速度以及减低火焰穿透木材的速度。木材防火浸渍等级的要求分为三级：一级浸渍，吸收量应达到 $80kg/m^3$，保证木材无可燃性；二级浸渍，吸收量应达到 $48kg/m^3$，保证木材缓燃；三级浸渍，吸收量应达到 $20kg/m^3$，在露天火源作用下，能延迟木材燃烧起火。

（1）木材防火阻燃剂应具备的条件

1）在火焰温度下能阻止发焰燃烧，降低木材的热降解及炭化速度。

2）阻止木材着火。

3）阻止除去热源后的有焰燃烧及表面燃烧。

4）无毒无污染，使用方便。

5）处理后对木材和金属连接件无腐蚀作用，对木材加工不产生障碍。

6）具有耐溶剂性能，有耐久性。

7）不在材料表面产生结晶或其他沉积物。

8）不降低木材的物理、力学性能。

（2）常用防火阻燃剂

1）磷及其化合物，如磷酸铵、磷酸氢二铵、磷酸二氢铵、聚磷酸铵等。

2）卤素及其化合物，如溴化铵、氯化铵、氯化镁、氯化锌等，卤化物可与含锑化合物并用，也有明显的阻燃效果。

3）硼及其化合物，如硼酸、硼砂等。

2. 防腐剂

木材的防腐处理工艺主要分为常压处理以及压力处理两种方式。常压处理法中有扩散法、热冷槽法以及真空法。利用压力处理包括满细胞法、空细胞法以及半空细胞法三种。因为利用常压处理法本身所要消耗的时间较长，而且生产率较低，所以大部分的工业在木材的防腐加工多采用压力处理法。

木材的防腐剂一般以油类防腐剂、油载防腐剂以及水载的防腐剂三类为主。

（四）常用粘结材料

1. 粘结材料的性能和环保要求

（1）天然胶粘剂

天然胶粘剂具有以下特点：

1）价格较低、使用方便、初粘性好，但胶结强度差。

2）大部分是水溶性的，可以水作为溶剂。

3）从形态上看液态或粉状居多。

4）这类胶粘剂都可生物降解，长期在高湿度下会造成胶结强度下降。

5）不含对人体有害特质，是高安全性的胶粘剂。

天然胶粘剂可分为无机类和有机类，有机类又可分为蛋白质类和碳水化合物类。按其化学组成分为三大类，蛋白质胶、碳水化合物胶（如淀粉胶、纤维素胶等）和其他天然树脂胶（如木素、单宁、虫胶、松香、生漆等）。

（2）烯类高聚物胶粘剂

烯类高聚物胶粘剂是以烯类高聚物作为粘料的一大类胶粘剂，建筑装饰装修工程中使用最多的是聚乙酸乙烯酯乳液胶粘剂。

聚乙酸乙烯酯乳液胶俗称白胶或乳白胶。聚乙酸乙烯酯乳液胶现已大量用于建筑、家具等木工胶结方面，还用于将单板、布、塑料、纸等粘贴在木制人造板上。

（3）氨基树脂胶粘剂

氨基树脂是指带有氨（$—NH^2$ 或$—NH$）基团的化合物与醛类反应而生成的聚合产物。氨基树脂主要由尿素或三聚氰胺与甲醛反应而制成。

脲醛树脂（UF）及三聚氰胺甲醛树脂（MF）的化学和物理性质均有许多共同之处，所以在使用中将这一类树脂统称为氨基树脂。脲醛树脂仅能用于室内，而三聚氰胺甲醛树脂或三聚氰胺-尿素-甲醛树脂则可以广泛用于条件恶劣的室外。如果需要完全用于室外，使用酚类树脂比氨基树脂更为可靠。

（4）酚醛树脂胶粘剂

酚醛树脂是酚类与醛类在催化剂作用下形成的树脂的统称。被广泛用于生产耐水的一类胶合板、装饰胶合板、木材层积塑料以及纤维板等方面。

（5）聚氨酯胶粘剂

一般来讲，以多异氰酸酯和聚氨基甲酸酯为主体材料的胶粘剂统称为聚氨酯胶粘剂。聚氨酯胶粘剂具有强韧性、弹性和耐疲劳性，耐低温性能良好，在刨花板、定向刨花板、中密度纤维板、集成材、各种复合板和表面装饰板中得到广泛应用。

（6）橡胶型胶粘剂

橡胶型胶粘剂按其应用性能分类，可分为结构型和非结构型两种。习惯上把胶结强度大于 6.86MPa、能承受较大应力的胶称为结构型胶。结构型胶多为复合体系，如氯丁（橡胶)-酚醛、丁腈（橡胶)-酚醛、聚硫（橡胶)-环氧、丁腈（橡胶)-环氧等胶粘剂。非结构型胶不要求承受较大的应力，而以达到一般的胶结强度为目的，如氯丁橡胶、丁腈橡胶、硅橡胶、聚硫橡胶、改性天然橡胶等胶粘剂。

建筑装饰装修工程中常用的万能胶、免钉胶等都属于橡胶型胶粘剂。

2. 粘结材料的使用方法

具体见表 3-1。

按相粘材质选用胶粘剂 表 3-1

	酚醛	酚醛缩醛	酚醛聚酰胺	酚醛氯丁橡胶	酚醛丁腈橡胶	环氧树脂	环氧聚酰胺	过氯乙烯	聚酯树脂	聚氨酯	聚酰胺	聚醋酸乙烯酯	聚乙烯醇	聚丙烯酸酯	天然橡胶	丁苯橡胶	氯丁橡胶	丁腈橡胶
木材-木材	○				○	○				○		○						
木材-皮革												○				○	○	○
木材-织物										○						○	○	
木材-纸													○			○		
尼龙-木材					○	○					○							
ABS-木材			○															
玻璃钢-木材					○	○												
PVC-木材												○						

17

	酚醛	酚醛缩醛	酚醛聚酰胺	酚醛氯丁橡胶	酚醛丁腈橡胶	环氧树脂	环氧聚酰胺	过氯乙烯	聚酯树脂	聚氨酯	聚酰胺	聚醋酸乙烯酯	聚乙烯醇	聚丙烯酸酯	天然橡胶	丁苯橡胶	氯丁橡胶	丁腈橡胶
橡胶-木材			○	○	○					○						○	○	
玻璃陶瓷-木材			○	○	○					○						○	○	
金属-木材	○	○								○								○

（五）木材的含水率及防止木制品变形的一般方法

1. 木材的含水率要求

正常状态下的木材及其制品，都会有一定数量的水分。我国把木材中所含水分的质量与绝干后木材质量的百分比，定义为木材含水率。

新鲜木材含有大量的水分，在特定环境下水分会不断蒸发。水分的自然蒸发会导致木材出现干缩、开裂、弯曲变形、霉变等缺陷，严重影响木材制品的品质，因此木材在制成各类木制品之前必须进行强制（受控制）干燥处理。正确的干燥处理可以克服上述木材缺陷，提高木材的力学强度，改善木材的加工性能。它是合理利用木材，使木材增值的重要技术措施，也是木制品生产不可缺少的首要工序。

木材置于一定的环境下，在足够长的时间后，其含水率会趋于一个平衡值，称为该环境的平衡含水率。当木材含水率高于环境的平衡含水率时，木材会排湿收缩，反之会吸湿膨胀。例如，广州地区年平均的平衡含水率为15.1%，北京地区却为11.4%。干燥到11%的木材用于北京是合适的，可用于广州将会吸湿膨胀，产生变形。因此木材干燥要适当，并非越干越好。不同地区、不同用途对木材含水率的要求也是不一样的。

2. 木制品防止变形方法

木材的结构特点使其在性质上具有较强的各向异性，这在木材干缩和湿胀上也同样体现。依据木材的纹理方向，可分为顺纹干缩和横纹干缩。平行于木材纹理方向的尺寸缩小是顺纹干缩，或称为纵向干缩；垂直于木纹方向的尺寸缩小是横纹干缩。横纹干缩又可分为弦向干缩和径向干缩，前者指与年轮相切的横纹干缩，而后者为垂直于年轮、与半径方向一致的横纹干缩。实验表明，木材的顺纹干缩仅为 0.1% 左右，而径向干缩为 3%～6%，弦向干缩为 6%～12%。可见，三个方向干缩中以顺纹最小，在加工利用中影响很小，可以忽略不计。但横纹干缩数值较大，如不予重视或处理不当，会造成木材及木制品的开裂或变形。

木材在使用前进行干燥处理，这样不仅可以防止弯曲、变形和裂缝，还能提高强度，便于防腐处理与油漆加工，以延长木质工程的使用年限。木材干燥的方法主要有自然干燥法、人工干燥法两种。

（1）自然干燥法

自然干燥是指利用自然条件进行大气干燥。包括利用空气传热、传湿，利用太阳的辐射热逐渐将木材中的水分蒸发掉，达到干燥的目的。此法简便易行、经济，在实际生产中应用较广。堆放场地应平整干燥、空气流通，并利于排水。堆积形式通常多采用水平分层、纵横交叉的形式，按木材的树科、规格和干湿情况分别堆积。自然干燥木材，不需要建造设备，不耗用电、热源，成本较低，技术简单，但干燥程度受到自然条件下平衡含水率的限制，占用场地大，干燥时间长，容易发生虫蛀、腐朽、变色，而降低木材等级。

（2）人工干燥法

1）浸水法

浸水法是指将木材浸泡在水中约 2～4 个月，待充分溶去树脂后，再进行风干或烘干处理。使用浸水法的木材能减少变形，并比天然干燥时间约缩短一半。缺点是强度稍有降低。

2）水煮法

水煮法是指将木材放到加热的水槽中煮沸，然后再取出装入干燥窑或将木材置于通风流畅的地方进行阴干。阴干时，需将木材加压重物，以防变形。水煮法是针对较难干燥的阔叶树采取的处理方法。

3）热炕法

热炕法是将木材堆放在有火炕的干燥室内，利用火炕的热量烘干木材（火炕内燃料一般采用锯末），一般室温不高于 80℃，干燥的时间根据树种、木材厚度及初、终含水率而定，一般需要4～7d。此法设备简单、投资小，效果较好。缺点是操作不方便，易发生火灾。

4）蒸汽干燥法

蒸汽干燥法是指将木材堆放在密闭的干燥室内，利用蒸汽加热散热器，由鼓风机鼓动热空气进行强制性循环，使木材中水分不断地蒸发。强制通风的方法有轴流式风扇通风和离心式鼓风机通风两种形式，气流通过材堆的速度为 1m/s 以上，温度保持在60～70℃以内。此法操作方便，干燥时间短，为木材加工广泛采用。

四、抄平、放线

（一）抄　平

抄平是使用水准仪、水平尺、水平管等测量仪器测量建筑的高程（也叫标高），观测物体是否在同一水平面上，即相同的标高。见图4-1。

图4-1　1m水平线

通常在装饰工程中，需把土建施工移交界面中的0.5m（俗称50线）或1m水平线引入室内，并根据装饰需求制定本工程需预设的控制标高，然后在房间的墙上弹水平线，为后续施工提供参考依据。

目前大面积空间主要使用水准仪或者全站仪进行抄平，较小空间使用激光投线仪进行抄平。见图4-2。

图 4-2　抄平

（二）放　　线

放线是使用全站仪、经纬仪、水准仪、铅垂仪、水平尺、卷尺等测量工具将设计图纸上的基准点、基层面、完成面、点位等测设到实际地面坐标中，从而为施工提供依据。见图 4-3。

1. 放线的主要作用

在建筑施工过程当中，其理论尺寸和实际尺寸总存在一定的误差，在装饰施工时不能以计算的理论尺寸为依据，而应以实际尺寸进行装饰施工，这就要求对结构误差采取相应的消化措施，消化结构误差的原则是：保证装修和安装精度要求的部位尺寸，将误差消化在精度要求较低的部位。

2. 放线操作要点

（1）隔墙放线（图 4-4）

1）在装饰工程施工前依据轴线对结构工程的尺寸进行复核，并将各区域的实际尺寸标注在该层的施工图上。

2）以隔墙的厚度、宽度、高度与位置要求在地面上弹出安装边线或中线。

3）把地面上的安装边线或中线用线锤、经纬仪或接长的水平尺翻到顶棚上。

4）在边线外侧注明门窗尺寸和位置。

5）检查所放线与墙体轴线之间的距离是否满足要求。

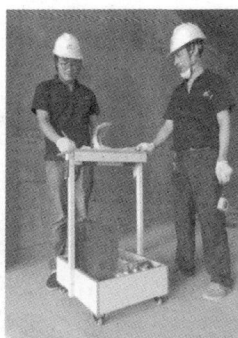

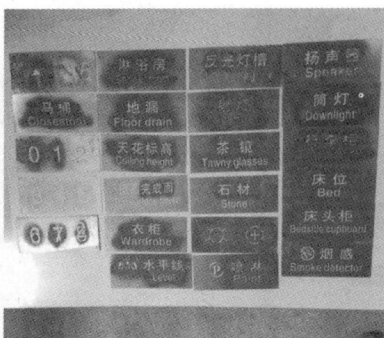

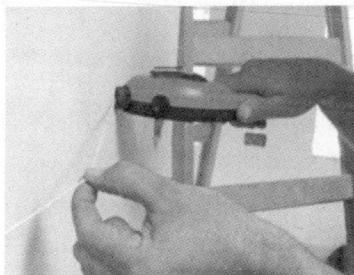

图 4-3 放线工具

完成面线

完成面线

图 4-4 隔墙放线

23

（2）吊顶放线（图 4-5）

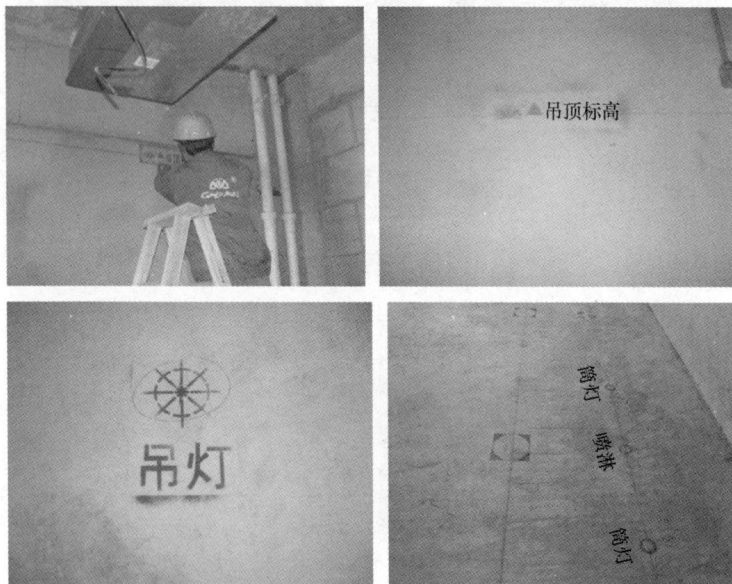

图 4-5　吊顶放线

1）据设计图纸查明房间四周墙面装饰面层类型及其完成面要求。

2）对房间四周墙面进行放线找方，留出四周墙面装饰面层完成面，在地面弹出十字基准线。

3）据设计要求在地面弹出吊顶位置线；若吊顶对称，应在地面弹出对称轴后，再向两侧量距放线；若吊顶有高度变化，应在地面上弹出不同高度吊顶分界线；若吊顶有灯盒、风口和特殊装饰，应在地面弹出这些设施对应位置。

4）把地面上弹的吊顶位置用激光投线仪、线锤或接长的水平尺翻到顶棚上。

5）在顶棚上弹出龙骨布置安装线。

6）以50线或1m线沿着四周墙面弹出吊顶安装底标高线。

7）弹出各种设施的安装位置，校核该吊顶的净高尺寸、位置尺寸等。

（3）门窗放线（图 4-6）

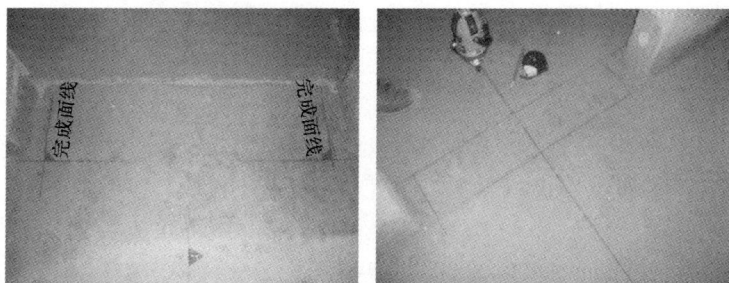

图 4-6　门窗放线

1）根据设计图纸查明门窗位置、类型、规格大小尺寸。

2）对门窗洞两侧吊垂线，洞口上下弹水平线，核查门窗大小尺寸等。

3）弹门窗安装标高线、中心线及四周边线等。

4）校核门窗安装的标高、位置和尺寸。

（4）墙面饰面放线（图 4-7）

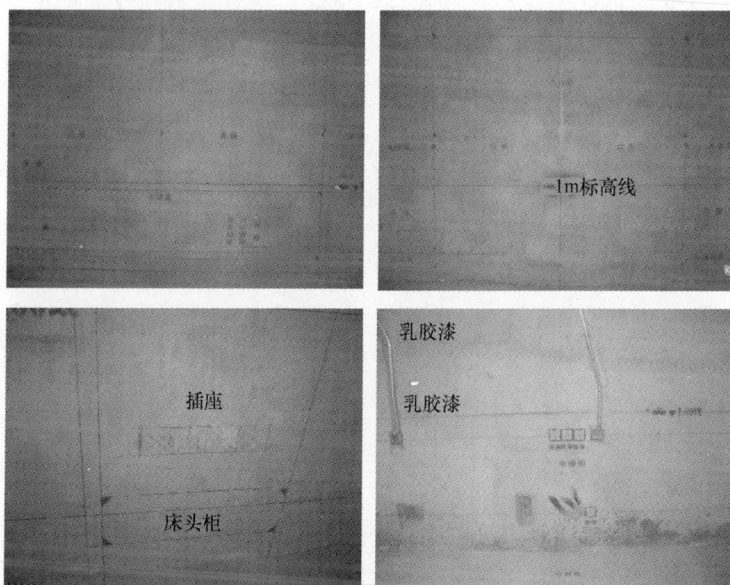

图 4-7　墙面饰面放线

1）对内墙进行放线找方。若是整体饰面，根据要求弹出水平与垂直控制线，然后进行装饰施工；若是嵌贴饰面，首先应测量出内墙面的各部分尺寸，在沿墙的地面上弹出嵌贴饰面的外皮线。

2）若有对称要求，应弹出对称轴，从对称轴向两边测量墙面尺寸，根据饰面材料本身的尺寸，计算出材料之间的留缝宽度。

3）根据排列图在墙面上每隔5～10块饰面弹出一条控制线，石材类大块饰面应逐块弹出控制线，若墙、地面嵌贴饰面的模数相同，应将墙、地面嵌贴饰面的控制线对准。

（5）地面装饰放线

1）对地面进行放线找方。弹出地面装饰边线，留出四周墙面装饰面层厚度。

2）测量房间地面各部分尺寸，有对称要求的，弹出对称轴，有特殊图案嵌贴的，应在相应位置弹出图案边线。

3）根据地面装饰材料本身的尺寸，计算出材料之间的留缝宽度。

4）在墙面底部弹出地面装饰顶标高线。根据排列图在地面上每隔5～10块饰面弹出一条控制线，石材类大块材料应逐块弹出控制线，若地、墙面嵌贴模数相同，应将地、墙面嵌贴饰面控制线对准。

五、地 板 铺 设

（一）排、铺实木（复合）地板

1. 施工准备

（1）图纸准备

施工人员在施工前应注意的内容如下：

1）对深化图纸与现场进行复核，发现问题及时反馈给施工管理人员。

2）了解地板的材质、铺设方式，木龙骨的截面尺寸，以及预埋、预留的隐蔽工程施工中管线位置，与其他材质地面材料的接口方式。

3）掌握施工中需要注意的事项，包括技术要点、质量要求等。

（2）材料准备

施工人员应根据深化图纸和相关质量标准要求对到场的材料进行检查，主要检查：木地板、踢脚线、胶粘剂、木龙骨、木楔、防腐、防蛀剂等主、辅材。

（3）现场准备

施工人员进场后需要对现场进行仔细检查。根据现场的施工进度与条件，判断其是否满足实木（复合）地板铺设的要求。检查的内容至少应包括：

1）水平基准线，如0.5m线或1.0m线等，经检测，其误差应在允许范围以内。

2）地面平整度符合木地板安装要求，其表面应坚硬、平整、洁净、不起砂，含水率不大于8%。

3）各专业隐蔽工程已验收、会签确认，并在地面放线标记。

4）对墙面平整度进行检查，确保基层符合踢脚线安装要求。

（4）机具准备

地板铺设的工具分为电（气）动工具、手动工具和耗材等。

1）电（气）动工具

常用电（气）动工具有：地板无尘锯、冲击钻、手电钻、角磨机、手持式低压防爆灯、激光投线仪等（图5-1）。

图5-1 激光投线仪

2）手动工具

常用手动工具有：锯、刨、锤、钢直尺、钢卷尺、直角尺、墨线等（图5-2）。

图5-2 直角尺、钢卷尺

3）耗材

常用耗材有：地板钉、自攻钉、麻花钻头、冲击钻头、批头、细齿锯片、铅笔等。

4）施工人员在施工前应对机具、临电配备情况、工作状况等进行例行检查，发现异常情况，严禁使用。

5）工机具使用完毕后，及时清理干净。

2. 工艺流程

基层处理—铺设木龙骨—铺设实木（复合）地板—安装踢脚线。

（1）基层处理

确保水平基准线已按要求标记好，误差在允许范围以内；基层表面坚硬、洁净、不起砂，含水率不大于8％；基层表面平整度偏差不大于3mm；基层标高与设计标高偏差不大于±5mm。基层不平整处应高凿低补，基层表面的浮土、杂物清扫干净（图5-3）。

图5-3 清理基层

（2）铺设木龙骨

基层清理干净后，根据设计要求和地板长度放线。放线方向与地板走向垂直，放线位置为木龙骨中线位置，放线时应避开已有暗藏管线，防止打孔时误伤管线。放线应保证地板的两头都能够钉固到木龙骨上，并且保证地板中间至少有一根龙骨，且龙骨之间的间距不大于300mm。为保证地板及龙骨的线性膨胀，在龙骨和墙、柱中间留 20mm 的缝隙。在龙骨线上每隔 400mm，画一交叉线，作为木楔钉入位置。根据地面平整程度，在墙上弹出木龙骨水平高度线。

用冲击钻在弹好的地面龙骨线上打眼，一般冲击钻打入地面眼的深度不能小于 40mm，然后把做过防腐、防虫处理的木楔钉入眼中，木楔的直径略大于钻头直径，用龙骨钉将做过防腐、防虫处理的木龙骨固定在地面上。同时，用激光投线仪和拉通线检查木龙骨的高度是否与墙上弹出的木龙骨水平高度线相同，如果不同，在木龙骨下方垫木制垫片，或者刨削龙骨（图 5-4）。

图 5-4　铺设木龙骨

在木龙骨上铺设垫层地板（毛地板）。垫层地板（毛地板）应髓心向上，板间缝隙不大于 3mm，与墙柱之间应留 8～12mm 的空隙，表面刨平。

（3）铺设实木（复合）地板

由于实木（复合）地板花纹为天然形成，所以各块板材之间存在色差，在正式铺设之前应先进行试铺，将花纹、颜色接近的地板铺设在一起。铺设前，应进行地板模数计算，按计算结果进行切割，避免出现最后一块板太小影响美观。每块地板接触龙骨的地方，在槽内用电钻钻孔，用地板专用钉沿 30°～60°角，斜向打入，钉长不得少于 38mm。

地板面层一般为错位铺设，相邻板材接头位置应错开不小于 300mm 的距离。地板铺设前应先在地板上用铅笔和角尺划线，

以确定地板错开位置。地板靠墙侧与柱、墙之间应留 8～12mm
的空隙，施工时以地板料头或者垫块塞入，踢脚板能够盖住缝隙
为准。

为使地板顺口缝平直均匀，每铺设 3～5 道地板，应拉一次
平直线检查地板缝是否平直，如不平直，应及时调整（图 5-5）。

图 5-5　铺设地板

（4）安装踢脚线

分体式踢脚线新施工方法：根据墙面情况用钢钉或自攻钉将
木挂条钉固在墙面上，可用锤子或者电动螺丝刀将木挂条固定在
墙面上。在踢脚线转角或接头的位置增加固定点，以使踢脚线与
墙面贴靠紧密。木挂条应固定牢固，紧贴墙体，钉固木挂条时，
要稍微用力下压，保持木挂条的稳定性（图 5-6、图 5-7）。

图 5-6　安装踢脚线

图 5-7 踢脚线示意

3. 质量标准

（1）木龙骨应做防腐、防蛀处理，安装牢固、平直。

（2）面层铺设应牢固，行走或小锤敲击时无异响，无松动；板缝严密、接头错开，表面平整、洁净；钉固严密，表面观感图案清晰，颜色应均匀一致；踢脚线高度应一致，接缝严密。

（3）允许偏差项目符合国家现行有关标准要求。

4. 质量通病预防

实木（复合）地板铺设应严格按照深化图纸及编制好的施工方案进行施工。实际操作过程中，因使用材料及制品不合格、施工过程操作或管理失控、外部环境条件的影响等原因造成一些常见的质量问题，称作质量通病（表 5-1）。

常见实木（复合）地板质量通病表   表 5-1

序号	质量通病	通病图片	预防措施
1	走在地板上有异响		（1）应在铺设前严格控制材料的含水量，适应当地的温湿度变化； （2）应在铺设时严格按照设计要求铺设龙骨，当设计无要求时，龙骨间距不可大于300mm

序号	质量通病	通病图片	预防措施
2	木地板接缝不严，缝隙过大		在安装过程中敲打要轻，并随时观察铺完的地板是否有离缝现象，随时修正
3	地板使用一段时间后出现松动，收口处不平		（1）门槛石与地龙骨间应垫平垫实，以确保此部位地板与门槛石平齐且牢固； （2）地板铺设的方向与进门方向一致，避免门口地板与门槛的收口松动； （3）在门扇附近的木龙骨进行加强处理

5. 成品保护

（1）木地板铺装时应穿软底鞋，不可直接穿带钉子的硬底鞋踩踏木地板。

（2）铺设结束后，清扫干净，并用地板保护膜覆盖在木地板表面，上面用瓦楞板进一步保护，并用胶带将接缝粘贴牢固。

（3）如后期需要在已完工的地板上施工时，应加盖一层木质板材保护层，避免重物坠落砸伤木地板表面。不得在木地板表面拖拽设备、家具等物品。

（4）施工全部完成，保洁时，应用地板拖布将表面灰尘和杂物拖净，用潮湿软布擦拭地板表面，禁止使用稀释剂、有机溶剂等接触地板表面，禁止使用壁纸刀、刮刀等清理地板表面。

（5）保持正常通风，避免阳光直晒，防止雨水进入室内浸泡地板。

（二）排、铺塑料地板

1. 施工准备

（1）图纸准备

施工人员在施工前应注意的内容如下：

1）对深化图纸与现场进行复核，发现问题及时反馈给施工管理人员。

2）了解塑料地板的材质、铺设方式以及预埋、预留的隐蔽工程施工中管线位置，与其他材质地面材料的接口方式。

3）掌握施工中需要注意的事项，包括技术要点、质量要求等。

（2）材料准备

准备好塑料地板及适合于板材的胶粘剂。材料应竖直存放，在开始正式铺装工作前，应将塑料地板运至施工现场并打开，反面向上，压平，使其在室温下充分恢复平整、稳定。

铺贴前需检查来料包装标签，将同一批号按序号依次铺设，避免色差。

（3）现场准备

1）室内外温度在5～35℃之间。

2）上道工序完成经验收合格，并办理隐蔽工程交接验收会签手续。

3）现场工作面已清理干净。

4）地面标高控制线已标示并确认。

5）施工前样板已完成，并经过设计、甲方、施工单位共同认定。

6）门框、竖向穿楼板管线以及预埋件已定位。

（4）机具准备

1）常用机具：涂胶刀、划线器、橡胶滚筒、橡胶压边滚筒、裁切刀、墨斗线、钢皮尺、刷子、自走式焊接机、塑料焊枪、磨石吸尘器等。

2）安装人员在施工前应对机具配备情况、工作状况等进行例行检查，检查合格方可使用，如发现异常情况，严禁使用。

2. 工艺流程

地面放线—涂胶—铺贴—养护。

（1）地面放线

通过中心点测出中心线，沿基准线弹出施工控制基准线网格。

（2）涂胶

沿基准线向铺贴塑胶地块范围里满涂地胶，黏度增强、干燥至不沾手即可铺贴。

（3）塑胶地块铺贴

自然粘贴、铺贴后以滚轮滚压，用橡胶锤砸实。铺贴块板时应注意花纹同向铺设。若铺贴过程中有地胶渗出，及时用湿布擦拭。略干时可用松香水和去渍油擦拭干净。无缝塑胶地板使用PVC焊条将其与地板接缝融合，焊接应采用自走式焊接机，墙角采用手焊接机施工（图 5-8）。

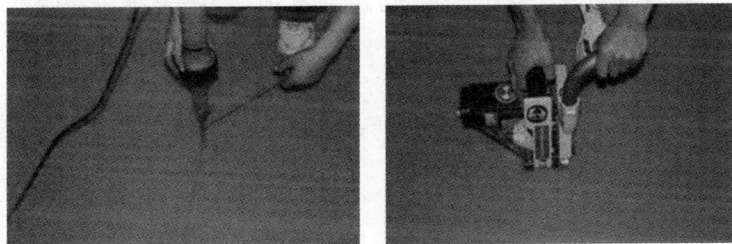

图 5-8 热力焊接

塑胶地块与不同材料收口应按照设计要求，无设计图时可参考图 5-9、图 5-10。

（4）地板养护

基层与面层连接牢固，表面平整，拼缝密实，图案拼接流畅自然。采用水性蜡，进行打蜡养护，打蜡过后 20min 即可干燥，干燥前不得在上面行走。一般新板面需连续打蜡三次以上。

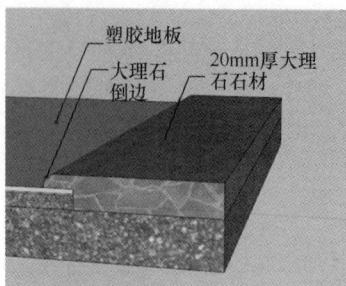

图 5-9　与大理石门槛石收口　　　　图 5-10　与木地板收口

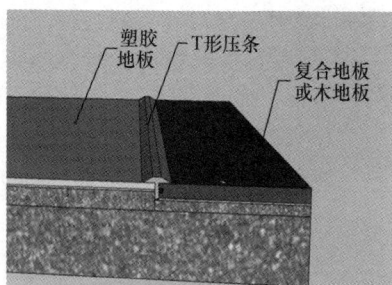

3. 质量标准

（1）符合国家现行有关质量验收标准。

（2）面层与下一层的粘结牢固，不翘边、不胶胶、无溢胶。

（3）塑胶板面层应表面洁净，图案清晰，色泽一致，接缝严密、美观；拼缝处的图案、花纹吻合，无胶痕；与墙边交接严密，阴阳角收边方正。

（4）板块的焊接，焊缝应平整、光洁，无焦化变色、斑点、焊瘤和起鳞等缺陷，其凹凸允许偏差为±0.6mm。焊缝的抗拉强度不得小于塑料板强度的75%。

（5）镶边用料应尺寸准确、边角整齐、拼缝严密、接缝顺直。

4. 质量通病预防

（1）铺贴塑胶地块的房间，相对湿度不能大于80%，因为湿度过大会影响胶粘剂干固速度，塑胶地板会因外力作用产生偏移，影响终饰效果。

（2）施工过程中地面及塑胶地块面层溶剂必须完全挥发，否则容易引起地板起鼓、翘边等施工质量问题，粘贴施工最好在温度5℃以上、湿度小于等于50%的条件下进行。卷材粘贴时需注意粘贴次序，由中间向两边或由里面铺向门口，铺贴时避免用力推挤，待胶粘剂黏稠时自然粘贴，防止地板中间起鼓等现象。

5. 成品保护

（1）塑胶地块到现场后，施工前避免拆封，避免日晒及雨淋。

（2）施工时地面以及周边部位，需打扫保洁，防止带入砂石。

（3）所覆盖的隐蔽工程要有可靠保护措施，不得因铺设塑胶地块面层造成漏水、堵塞、破坏或降低等级。

（4）塑胶板面层完工后应进行遮拦，避免受侵害。

（5）后续工程在塑胶地块面层上施工时，必须进行遮盖、支垫，严禁直接在塑料板面上动火、焊接、和灰、调漆、支铁梯、搭脚手架等（图 5-11）。

图 5-11　成品保护

（三）排、铺防静电地板

1. 施工准备

（1）图纸准备

施工人员在施工前应注意的内容如下：

1）对深化图纸与现场进行复核，发现问题及时反馈给施工管理人员。

2）了解防静电地板的材质、铺设方式以及预埋、预留的隐蔽工程施工中管线位置，与其他材质地面材料的接口、收口方式。

3）掌握施工中需要注意的事项，包括技术要点、质量要求等。

（2）材料准备

防静电地板、支架、支座、横梁、配件、缓冲衬垫、膨胀螺栓、胶粘剂、耗材及其他材料等的品种、颜色、数量、规格等应符合设计要求和国家现行相关规范的规定。

（3）现场准备

1）室内外温度在 5～35℃ 之间。

2）上道工序完成经验收合格，并办理隐蔽工程交接验收会签手续。

3）现场工作面已清理干净。

4）地面标高控制线已标示并确认。

5）施工前样板已完成，并经过设计、甲方、施工单位共同认定。

6）重型设备及金属承载支架已完装完成，安装位置、尺寸偏差符合要求。

7）门窗工程已完成施工，室内达到可封闭条件。

8）现场临时用电满足施工需要。

（4）机具准备

1）常用机具：电动圆锯、角向磨光机、电动螺丝刀、冲击电钻、电钻、激光投线仪、水平尺、钢直尺、钢卷尺、直角尺、墨线、电动螺丝刀头、钻头、无齿锯片、木工铅笔等。

2）安装人员在施工前应对机具配备情况、工作状况等进行例行检查，检查合格方可使用，如发现异常情况，严禁使用。

2. 工艺流程

基层处理—放线—支座、横梁安装—活动地板安装。

（1）基层处理

1）基层表面坚硬、洁净，不起砂，表面含水率不大于8%。

2）墙面基层表面平整度、阴阳角方正度偏差不大于2mm。

对于墙面基层平整度、阴阳角方正度误差大于2mm的，应进行修补、剔凿处理。基层表面的浮土、杂物用扫帚清扫干净，如有需要，可在基层表面刷1～2遍清漆或防尘剂。

（2）放线

根据施工图纸，结合房间的尺寸、形状进行放线、分格（图5-12）。活动地板放线时，应保证门口、重要部位的板块的完整性。考虑居中、对称的原则，将小幅面的活动地板留置在墙角或次要位置。裁切的活动地板幅面不应小于原幅面长宽尺寸的1/3。放线时，应将活动地板支座的位置标记清楚，支座处的地面应坚硬、平整，支座位置应避开地面的设备、管线。

图 5-12　放线

（3）支座、横梁安装

将支座根据放线的位置放置到位。如有需要，支座下应设置防潮层。将支座固定在地面基层上，固定的方式包括膨胀螺栓固定、射钉固定和胶粘剂固定等。将横梁安装在支座上，并连接成为一个整体。使用激光投线仪或拉通线的方法，将支座与横梁上

图 5-13　支座、横梁安装

表面位置抄平、找直，误差不应大于 2mm。支座、横梁安装固定应牢固（图5-13）。

（4）活动地板安装

用胶粘剂将缓冲衬垫铺设在横梁上。如室内空间尺寸不能满足活动地板的模数而需调整活动地板尺寸时，安装的顺序应首先从门口开始，前进安装；如无需调整活动地板尺寸，安装顺序可从里向外，后退安装。调整活动地板尺寸时，可以采用无齿锯片进行板面裁切。裁切后，边角处打磨平整，并采用清漆进行封边处理。活动地板的安装应接缝严密、顺直，板块间平整。

墙、柱面如已按现场准备要求处理，地板与墙、柱面间的缝隙采用 XPS 板嵌填即可。如墙、柱面未做处理，缝隙较大处，可采用木楔嵌填，木楔的表面处理、含水率等应符合要求。

重型设备、机柜等下方应设置独立的金属承载支架，抄平底面标高并与活动地板完成面标高相同。轻型设备、家具等可以放置在活动地板上，但其支撑点应为活动地板的支架或横梁（图5-14）。

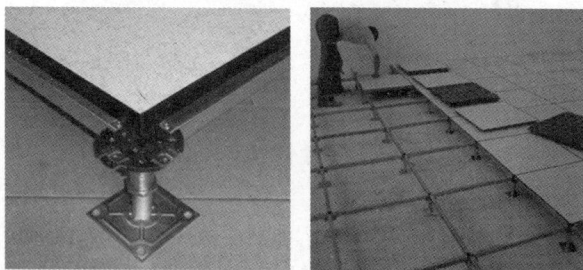

图 5-14　活动地板安装

3. 质量标准

符合国家现行有关标准要求。

4. 质量通病预防

见表 5-2。

常见防静电地板质量通病表

表 5-2

序号	质量通病	通病图片	预防措施
1	相邻两块高低不平		（1）严格选料，剔除不合格面板、钢头； （2）同一房间选用厚度相同的板块
2	板面不实，行走时有响声		桁条安装后，应测量其上表面同一水平度和平整度，使之在同一标高

5. 成品保护

（1）安装过程中，注意对活动地板面层进行保护，对溢出的胶粘剂应随时清理干净。

（2）安装完成后，不得在活动地板上运输重型设备、家具等物品。

（3）应将地板清扫干净，并用地板专用保护膜覆盖在地板表面，其上用瓦楞板覆盖，并用胶带将接缝粘贴牢固，防止地板表面磨损、砸伤。

（4）保持正常通风，雨天及时关闭门窗，防止雨水进入室内浸泡地板。

六、门窗、隔墙、吊顶、木装修

（一）木门窗框扇、格子玻璃门窗等安装

装饰装修工程中木门窗、格子玻璃门窗的安装工艺基本以木门为基础，本节以木门安装为例，介绍木门窗框扇、格子玻璃门窗等施工工艺。

1. 施工准备

（1）图纸准备

施工人员在施工前应注意的内容如下：

1）对深化图纸与现场进行复核，发现问题及时反馈给施工管理人员。

2）了解木门窗框扇、格子玻璃门窗的材质、安装方式以及预埋、预留的隐蔽工程施工中管线位置，与其他材质饰面材料的接口、收口方式。

3）掌握施工中需要注意的事项，包括技术要点、质量要求等。

（2）材料准备

1）门窗框扇、套板、套线。木门的品种、颜色、规格、等级等质量要求、性能指标均应符合设计要求和国家标准现行相关规范的规定，木门窗框扇、格子玻璃门窗等应尽量一次备齐，并采用同一批次的产品，防止不同批次产品之间的色差等质量缺陷；根据施工图纸核对门扇的开启方向、安装位置及对开门扇裁口位置等是否符合要求。

2）五金。五金的品种、型号、颜色、规格、等级等质量要求、性能指标均应符合设计要求和国家现行相关标准的规定。

3）人造木板、胶粘剂、自攻螺钉、耗材及其他材料。人造

木板、胶粘剂、自攻螺钉等材料的品种、颜色、数量、规格等应符合设计要求和国家现行相关规范的规定。

（3）现场准备

木门窗框扇、格子玻璃门窗等安装的现场应满足如下要求：

1）水平基准线、房间主控制线已明确。

2）墙面、地面湿作业如抹灰、找平施工等已完成，强度达到1.2MPa以上。

3）门基层已完成施工。

4）施工现场环境温度宜在5℃以上。

5）现场临时用电满足施工需要。

（4）机具准备

1）常用机具：电动圆锯、角向磨光机、电动螺丝刀、型材切割机、激光投线仪、锤、刨、锯、注胶枪、水平尺（含2m靠尺、垂直检测尺）、钢直尺、钢卷尺、直角尺、墨线、电动螺丝刀头、细齿锯片、木工铅笔等（图6-1）。

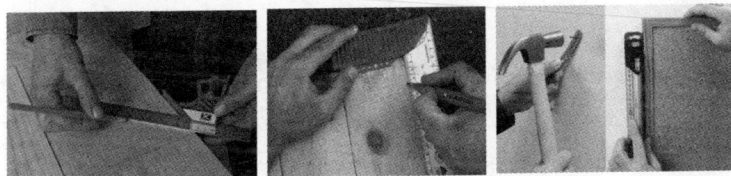

图6-1　直角尺、角度尺等

2）安装人员在施工前应对机具配备情况、工作状况等进行例行检查，检查合格方可使用，如发现异常情况，严禁使用。

2. 工艺流程

放线—基层处理—副框制作、安装—套板安装—扇、五金安装—套线安装。

（1）放线

放线的内容和原则如下：

1）根据房间主控制线、施工图纸的定位尺寸，在地面基层上标记出门中心线。

2）根据门中心线和门尺寸，在地面基层上标记出门套完成面线。

3）根据水平基准线、施工图纸的门尺寸，在墙面基层上标记出门套完成面线。

（2）基层处理

基层应满足如下条件：

1）基层表面坚硬、洁净，不起砂，表面含水率不大于8%，平整度偏差不大于5mm，标高与设计标高偏差不大于5mm。

2）阴阳角方正度、对角线长度差偏差不大于3mm。

3）门内、外两侧墙面平整度（尤其套线贴合处），误差不大于3mm。

对于基层平整度误差大于5mm的，高的部分，应用錾子凿平；对于低的部分，应用M15水泥砂浆嵌填修补，待强度达到要求后再进行后续施工。

（3）副框制作、安装

将人造木板副框用自攻螺钉固定在钢筋混凝土基层的预埋或后置木块上，如为轻质砌块基层，可将副框固定在门上方钢筋混凝土过梁上；如为骨架隔墙基层，副框的固定点应在隔墙骨架处。将人造木板副框使用自攻螺钉或自钻自攻螺钉固定在隔墙骨架处，螺钉长度应大于板厚的1.5倍，固定间距不大于500mm（图6-2）。

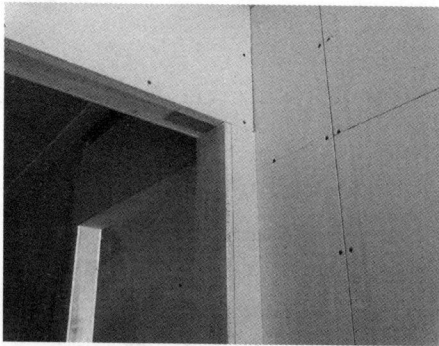

图6-2　副框制作

安装完成后，检查副框固定的牢固程度、尺寸偏差等。

（4）套板安装

套板应先在地面上进行组装后，再固定在既定位置。从上套板处用自攻螺钉与侧套板固定成一个整体，拼角处使用"L"形角码进行加固。将组装好的套板用木楔临时固定在既定位置。固定时，应从顶面、地面、侧面三个方向对门套进行临时固定，门套内、外两侧应同步固定。检查门套位置的尺寸偏差，检查内容如下：

1）使用钢卷尺、激光投线仪，根据水平基准线检查门套固定的高度尺寸，误差不大于 3mm。

2）使用垂直检测尺检查门套固定的垂直度，误差不大于 3mm。

3）使用钢卷尺检查门套对角线长度差，误差不大于 3mm。

4）使用直角尺检查门套阴阳角方正度，误差不大于 3mm。

5）使用钢直尺、楔形塞尺检查门套与副框的留缝，缝隙宽度宜在 5～10mm 之间。

检查无误后，将聚氨酯泡沫填缝剂均匀地、密实地注入门套与副框之间的缝隙中，避免产生空洞。注胶时应将注胶管插入最里部，从里到外，缓慢地、匀速地注胶。注胶后，应至少 2h（最好在 24h）之后，待聚氨酯泡沫填缝剂初步固化后，再抽出木楔。门套下口与地面应留 3～5mm 缝隙，进行防腐处理后打胶密封（图 6-3）。

图 6-3　门套下口留缝、打胶处理

（5）扇、五金安装

一般成品木门，合页槽孔应在工厂内进行加工。现场核对合页槽孔位置无误后，用小一号的钻头在套板、扇上分别打孔。普通合页安装时，一般采取"套三扇二"的方式固定（图6-4）。固定时，应先将合页按既定位置固定在门扇上，再将门扇固定在套板上。启闭门扇，检查门扇四面缝隙留置是否符合要求。

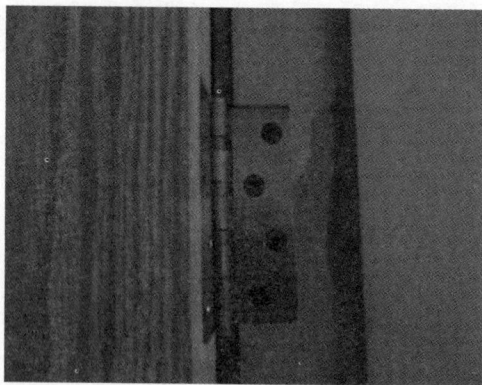

图6-4　普通合页"套三扇二"安装

如需要安装隐藏式闭门器，应在安装门扇前将闭门器液压缸体安装在门扇上，套板上安装导向槽时应先对相应位置进行加固，如埋置钢板等。

五金安装应符合施工图纸要求，不得遗漏。拉手距地高度应在950～1050mm之间；门锁安装时应注意安装方向。

（6）套线安装

根据施工图纸要求锯切套线。使用型材切割机锯切套线时，尤其是PE漆面套线，应先在切割处贴美纹纸并划线，再进行切割。如需要45°对角切割时，应刨修切割面，确保拼角处连接严密。将套线插入套板上的插槽中，使套线与墙面贴合严密（图6-5）。

图 6-5　套线安装

3. 质量标准

见表 6-1。

门窗框扇允许误差及检验方法　　　　表 6-1

项次	项目	留缝限值（mm）	允许误差（mm）	检验方法
1	门窗框正侧面垂直度	—	1	1m 靠尺
2	扇与扇接缝高低差	—	1	钢尺和塞尺
3	扇与扇对口缝	1～1.5	—	塞尺
4	门窗扇与上框留缝	1～1.5	—	塞尺
5	门窗扇侧框留缝	1～1.5	—	塞尺
6	无下框门扇与地面留缝	6～7	—	塞尺
7	卫生间门扇与地面留缝	8～10	—	塞尺

4. 质量通病预防

见表 6-2。

常见木门窗框扇、格子玻璃门窗等安装质量通病表　　表 6-2

质量通病	通病图片	预防措施
接缝不严密，影响美观及使用效果		门窗套与墙面拼接时，应将墙面基层伸进门窗套里，门窗套压住墙面，且墙面需严格控制平整度； 门窗套墙面不平整且缝隙过大时，应将门窗套与墙面收边收口打胶封闭，以达到美观效果

5. 成品保护

（1）安装时，应避免尖锐物品划伤、磕碰木门表面。

（2）安装完成后，在门扇表面包裹一层塑料保护薄膜，边角处使用美纹纸或胶带进行固定。

（3）如需用作施工通道，套板的边角处还应使用护角板进行保护。

（4）外露五金，例如门锁等应使用 EPE 板（珍珠棉）或硬质纸板进行包裹保护（图 6-6）。

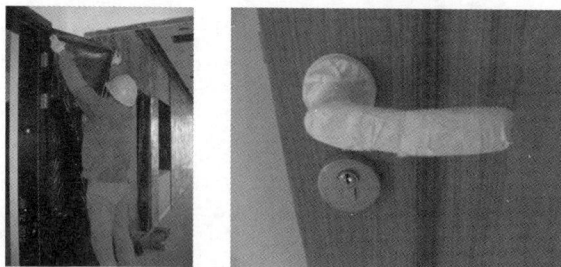

图 6-6　成品保护

（二）木龙骨隔墙安装

1. 施工准备

（1）图纸准备

施工人员在施工前应注意的内容如下：

1）对深化图纸与现场进行复核，发现问题及时反馈给施工管理人员。

2）了解木龙骨隔墙的材质、安装方式以及预埋、预留的隐蔽工程施工中管线位置，与其他材质饰面材料的接口、收口方式。

3）掌握施工中需要注意的事项，包括技术要点、质量要求等。

（2）材料准备

1）胶合板、木质纤维板、龙骨和罩面材料，以及螺栓、钉子等辅材的材质均应符合国家现行标准的规定。

2）预埋木砖和所有木质材料、辅料均应做好防腐、防火、防虫处理。

（3）现场准备

木龙骨隔墙安装的现场应满足如下要求：

1）水平基准线、房间主控制线已明确。

2）墙面、地面湿作业，如抹灰、找平施工等已完成，强度达到 1.2MPa 以上。

3）施工现场环境温度宜在5℃以上。

4）现场临时用电满足施工需要。

（4）机具准备

1）电动机具：电锯、无齿锯、手电钻、冲击电锤、空气压缩机、电动螺丝刀。

2）手动机具：射钉枪、拉铆枪、手锯、手刨子、钳子、水准仪、靠尺、钢卷尺等。

3）安装人员在施工前应对机具配备情况、工作状况等进行例行检查，检查合格方可使用，如发现异常情况，严禁使用。

2. 工艺流程

定位放线—骨架固定点—固定木龙骨—铺装饰面板。

（1）定位放线

根据设计图纸，在室内楼地面上弹出隔墙中心线和边，并引测至两主体结构墙（柱）间和楼底板面，同时放出门窗洞口线。有踢脚线时，弹出踢脚台边线，踢脚台先施工。踢脚台完工后，弹出下槛龙骨安装基准线。

（2）骨架固定点

定位线弹好后，如结构施工时已预埋了锚件，则应检查锚件是否在墨线内。偏离较大时，应在中心线上重新钻孔，打入防腐木楔；门框边应单独设立筋固定点；隔墙顶部如未预埋锚件，则应在中心线上重新钻固定上槛的孔眼。下槛如有踢脚台，则锚件设置在踢脚台上，否则应在楼地面的中心线上重新钻孔。

（3）固定木龙骨

靠主体结构墙的边立筋对准墨线，用圆钉钉牢于防腐木砖上；将上槛对准边线就位，两端顶紧于靠墙立筋顶部钉牢，然后按钻孔眼用金属膨胀螺栓固定；将下槛对准边线就位，两端顶紧于靠墙立筋底部钉牢，然后用金属螺栓固定，或与踢脚台的预埋木砖钉固；紧靠门框立筋的上下端应分别顶紧上下槛（或踢脚台）并用圆钉双面斜向钉入槛内，且立筋垂直度检查应合格；量准尺寸，分别等间距排列中间立筋，并在上下槛上划出位置线。依次在上下槛之间撑立筋，找好垂直度后，分别与上下槛钉牢；立筋间要钉横撑，两端分别用圆钉斜向钉牢于立筋上。同一行横撑腰在同一水平线上；安装饰面板前，应对龙骨进行防火防蛀处理，隔墙内管线的安装应符合设计要求。

（4）铺装饰面板

隔墙木骨架通过隐蔽工程验收后方可铺装饰面板。与饰面板接触的龙骨表面应刨平刨直，横竖龙骨接头处必须平整，其表面平整度不得大于 3mm；胶合板背面应进行防火处理。用普通圆钉固定时，钉距为 80～150mm，钉帽要砸扁，冲入板面 0.5～1.0mm。采用钉枪固定时，钉距为 80～100mm；纸面石膏板宜竖向铺设，长边接缝应安装在立筋上，龙骨两侧的石膏板接缝应错开，不得在同一根龙骨上接缝；纤维板如用圆钉固定，钉距为 80～120mm，钉长为 20～30mm，打扁的钉帽冲入板面 0.5mm；板条隔墙在板条铺钉时的接头，应落在立筋上，其断头及中部每隔一根立筋应用两颗圆钉固定。板条的间隙宜为 7～10mm，板条接头应分段交错布置。

3. 质量标准

（1）骨架木材和罩面板材质、品种、规格、式样应符合设计要求和施工规范的规定。

（2）木骨架必须安装牢固、无松动、位置正确。

（3）罩面板无脱层、翘曲、折裂、缺棱掉角等缺陷，安装必须牢固。表面应平整、洁净，无污染、麻点、锤印，颜色一致。

（4）罩面板之间的缝隙或压条，宽窄应一致，整齐、平直，压条与板接封严密。

（5）骨架隔墙面板安装的允许偏差应符合国家有关标准规定。

4. 质量通病预防

见表 6-3。

常见木龙骨隔墙质量通病表　　　　　　　表 6-3

质量通病	通病图片	预防措施
木龙骨固定不牢		上下槛要与主体结构连接牢固；选材要严格，凡有腐朽、劈裂、留取、多节疤等弊病的不得使用，用料尺寸应不小于 40mm×70mm，龙骨固定顺序应先下槛，后上槛，再立筋，最后钉水平横撑。立筋要求垂直，两段顶紧上下槛，用钉斜向钉牢。靠墙立筋与预留木砖的空隙应用木垫垫实并钉牢，以加强隔墙的整体性

5. 成品保护

（1）隔墙木骨架及罩面板安装时，应注意保护墙面内已装好的各种线管等。

（2）施工部位已安装的门窗、已施工完的地面、窗台等应注意保护，防止损坏。

（3）木骨架材料，特别是罩面板材料，在进场、存放、使用过程中应妥善管理，使其不变形、不受潮、不损坏、不污染。

（三）轻钢龙骨吊顶及罩面板安装

1. 施工准备

（1）图纸准备

施工人员在施工前应注意的内容如下：

1）对深化图纸与现场进行复核，发现问题及时反馈给施工管理人员。

2）了解轻钢龙骨吊顶及罩面板的材质、安装方式以及预埋、预留的隐蔽工程施工中管线位置，与其他材质饰面材料的接口、收口方式。

3）掌握施工中需要注意的事项，包括技术要点、质量要求等。

（2）材料准备

安装人员应根据设计及深化图纸、质量要求和相关技术规范对到场的材料进行逐一检查，以满足施工需要，检查的内容应包含：

1）轻钢龙骨：包括主龙骨、副龙骨、边龙骨、收边龙骨，轻钢龙骨配件包括主龙骨连接件、副龙骨连接件、插接连接件、吊件（图6-7）。

2）罩面板：装饰石膏板、纸面石膏板、吸声穿孔石膏板、矿棉装饰吸声板、钙塑泡沫装饰板、各种塑料装饰板、浮雕板、钙塑凹凸板、金属板等。

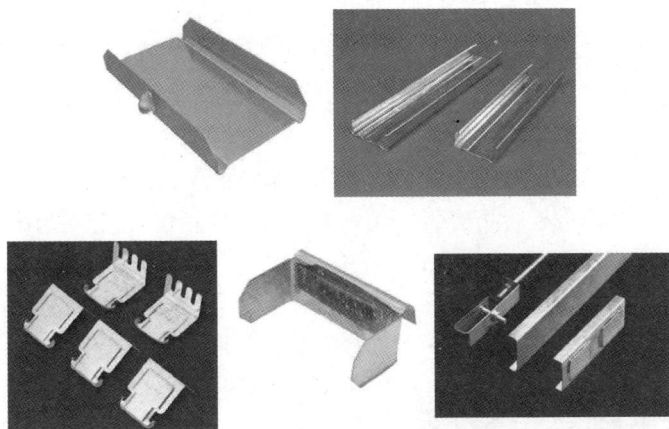

图 6-7　主龙骨、吊挂、连接件

3）五金及吊杆：吊筋、膨胀螺栓、螺帽、机螺钉、自攻螺钉。

4）面层处理材料：防锈漆、板缝腻子、板缝胶带。

5）人造木板、防火涂料等。并应在现场见证取样送检，合格后方可使用。

6）隔声材料、隔热材料、防锈漆、腻子及耗材等材料的品种、颜色、数量、规格等应符合设计要求和国家现行相关规范的规定。

（3）现场准备

轻钢龙骨吊顶及罩面板安装的现场应满足如下要求：

1）水平基准线、房间主控制线已明确。

2）墙面找平抹灰、外围护封闭已完成施工。

3）各专业隐蔽工程已验收并会签确认。

4）施工现场环境温度宜在 5℃ 以上。

5）现场临时用电满足施工需要。

（4）机具准备

1）常用机具：冲击电钻、电钻、型材切割机、角向磨光机、电动螺丝刀、手动拉铆枪、射钉枪、开孔器、美工刀、木工铅笔、激光投线仪、膨胀螺栓、自攻螺钉、抽芯铆钉、射钉、水平尺、直角尺、钢卷尺、墨线、线坠、电动螺丝刀头、钻头、钳子、扳手、羊毛刷等。

2）安装人员在施工前应对机具配备情况、工作状况等进行例行检查，检查合格方可使用，如发现异常情况，严禁使用。

2. 工艺流程

测量放线—吊杆安装—边龙骨安装—承载（主）龙骨安装—副龙骨安装—隐蔽验收—罩面板安装—钉眼处理—板缝处理。

（1）测量放线

轻钢龙骨吊顶放线的操作要点如下：

1）根据水平基准线、施工图纸尺寸，在墙面基层上标记出吊顶完成面的标高、叠级造型各点标高（图 6-8）。

图 6-8 吊顶放线

2）根据施工图纸的定位尺寸，在地面标记出吊顶的造型定位线、轮廓线（图 6-9）。

图 6-9 地面弹出顶面造型线、设备末端位置线

3）根据主龙骨排布原则和施工图纸，在顶面标记出吊杆定位点和主龙骨定位线，定位点间距不得大于 1200mm；主龙骨吊

点距主龙骨边端不应大于300mm，端排吊点距侧墙间距不应大于200mm；副龙骨间距根据纸面石膏板的模数，可以选择300mm、400mm、500mm、600mm等；当有灯具、设备及管道时，应调整吊点位置、增加吊点或采用钢结构转换层（图6-10）。

4）根据吊顶的综合顶面图，在地面上标记灯具、检修孔、设备或其末端（风口、烟器感、扬声器、喷淋头、升降投影仪等）的定位点（图6-11）。

图6-10 吊杆放线

图6-11 灯具、设备末端放线

5）大面积或狭长形的整体面层吊顶、密拼缝处理的板块面层吊顶同标高面积大于100m² 时，或单向长度方向大于15m时，应设置伸缩缝，应在顶面上标记出伸缩缝的定位线。

6）吊顶内安装有振颤的设备时，设备下皮距主龙骨上皮不应小于50mm；如安装筒灯等设备时，应注意避让吊顶内的其他设备。

7）吊杆不得直接吊挂在设备或设备的支架上；重型设备或有振动荷载的设备严禁安装在吊顶工程的龙骨上。

（2）吊杆安装

根据吊杆定位点，在顶面采用冲击电钻打孔，孔深一般不低于80mm。不上人吊顶可采用 ϕ6mm 的吊杆系统，上人吊顶应采用 ϕ8mm 的吊杆系统。如果吊杆长度大于1000m，吊杆直径应比原吊杆直径大2mm。如吊杆长度大于1500mm，应设置反支撑。反支撑间距不宜大于3600mm，距墙不应大于1800mm。反支撑应相邻对向设置。当吊杆长度大于 2500mm 时，应设置钢结构转换层。

将膨胀螺栓打入孔中，并固定牢固。吊杆应顺直。调节吊杆上的螺母，将吊杆与主龙骨吊挂件调整顺直，并与顶面垂直（图6-12）。

图 6-12　吊杆安装

（3）边龙骨安装

在吊顶副龙骨基准线上方的墙面采用冲击电钻打孔，间距不宜大于 500mm，端头不宜大于 50mm。使用膨胀螺栓、射钉或打入尼龙胀管使用自攻螺钉固定边龙骨，边龙骨的下皮应与吊顶副龙骨基准线平齐。边龙骨应顺直，并与墙面垂直。

（4）主龙骨安装

将主龙骨放置在主龙骨吊挂件上，吊挂件应相邻对向安装。主龙骨安装到位后，旋紧吊挂件上的对穿螺栓，并抄平主龙骨。主龙骨安装应顺直，吊顶伸缩缝处的主龙骨应断开。如主龙骨需接长，应使用主龙骨连长件。主龙骨中间部分应适当起拱，当设计无要求，且房间面积不大于 $50m^2$ 时，起拱高度应为房间短向跨度的 $1‰\sim3‰$，房间面积大于 $50m^2$ 时，起拱高度应为房间短向跨度的 $3‰\sim5‰$。上人检修孔周围的主龙骨应单独设置，满足上人的承载要求。

（5）副龙骨安装

根据放线位置，从房间的一端向另一端依次固定副龙骨。将副龙骨吊挂件吊挂在主龙骨上，用钳子夹紧。将副龙骨的 C 形翼缘挂在吊挂件的挂钩上。吊挂件应相邻对向安装。副龙骨的安装与调平应同时进行（图 6-13）。

图 6-13　副龙骨安装

（6）隐蔽验收

安装罩面板前，应先进行吊顶内的隐蔽验收，验收完成并合格后，再进行封板。验收的内容包括：

1）吊顶内管道、设备的安装及水管试压。

2）木龙骨防火、防腐处理。

3）预埋件或拉结筋。

4）吊杆安装。

5）龙骨安装。

6）填充材料的设置。

（7）罩面板安装

以纸面石膏板安装为例介绍该项工艺。

在板面标记出副龙骨的中心线，纸面石膏板的长边应与副龙骨的安装方向垂直，纸面石膏板的正面应朝下。安装时，采用不小于面层厚度总和 2 倍长度的自攻螺钉与副龙骨连接；应先从板的中间开始固定，然后向四边延伸（图 6-14）。自攻螺钉的固定应符合下列规定：

1）纸面石膏板四周间距不应大于 200mm。

2）板中沿副龙骨方向间距不应大于 300mm。

3）距离纸面石膏板纸包封边（长边）宜为 10～15mm。

4）距离纸面石膏板切割边（短边）应为 15～20mm。

5）应一次性钉入轻钢龙骨，并应与板面垂直。

6）钉帽宜沉入板面 0.5～1.0mm，但不应使纸面石膏板的纸面破损、暴露石膏（图 6-15）。

图 6-14　纸面石膏板安装　　　　图 6-15　自攻螺钉安装

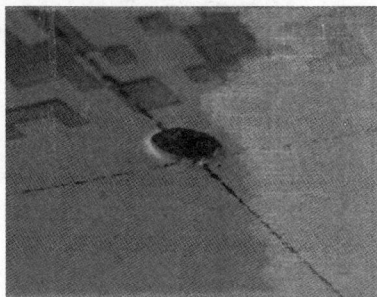

当吊顶施工图纸中规定添加岩棉或玻璃棉时，如吊顶伸缩缝等位置，应在纸面石膏板安装的同时铺设，与板面贴实，不应架空，并有可靠的固定措施，保证不散落。吸声材料应保证干燥。双层纸面石膏板安装时，面层板与基层板的板缝应错开至少一根龙骨的间距，且自攻螺钉的位置应错开。

（8）钉眼处理

当采用普通自攻螺钉固定时，钉帽位置应进行防锈处理。待防锈漆干透后，使用腻子将板面封平（图 6-16）。

（9）板缝处理

为防止纸面石膏板板缝处开裂，板缝应按如下步骤进行处理（图 6-17）：

1）相邻两块纸面石膏板的端头接缝坡口应自然靠紧，在接缝两边涂抹嵌缝膏作基层，将嵌缝膏抹平。

图 6-16 钉眼处理　　　　　　　图 6-17 板缝处理

2）粘贴接缝带，再用嵌缝膏覆盖，并应与石膏板面齐平，第一层嵌缝膏涂抹宽度宜为 100mm。

3）第一层嵌缝膏凝固并彻底干燥后，应在表面涂抹第二层嵌缝膏。第二层嵌缝膏宜比第一层两边各宽 50mm，宽度不宜小于 200mm。

4）第二层嵌缝膏凝固并彻底干燥后，应在表面涂抹第三层嵌缝膏，第三层嵌缝膏宜比第二层两边各宽 50mm，宽度不宜小于 300mm，待彻底干燥后磨平。

5）非楔形板边的纸面石膏板拼接时，板头应切坡形口，嵌缝腻子面层宽度不宜小于 200mm。

3. 质量标准

（1）轻钢龙骨（含配件）和石膏板材质、品种、规格应符合设计要求；轻钢龙骨、吊杆及配件安装方法及位置正确、平直无弯曲、无变形，吊杆做防锈处理。

（2）石膏板应牢固，无脱层、翘曲、折裂、缺楞掉角，表面平整、洁净，颜色一致，无污染、生锈等缺陷。

（3）允许偏差项目符合国家现行有关标准要求。

4. 质量通病预防

轻钢龙骨隔墙在施工过程中，因材料、操作、环境等原因造成的常见质量缺陷及预防措施如下（表 6-4）。

序号	质量通病现象	预防措施
1	吊顶不平	施工时应检查各吊点的紧挂程度，并接通线检查标高与平整度是否符合设计和施工规范要求
2	轻钢龙骨局部节点构造不合理	在留洞、灯具口、通风口等处，应按图纸相应节点构造设置龙骨及连接件，使构造符合图册及设计要求
3	轻钢龙骨吊固不牢	顶棚的轻钢龙骨应吊在主体结构上，并应拧紧吊杆螺母以控制固定设计标高；顶棚内的管线、设备件不得吊固在轻钢龙骨上

5. 成品保护

（1）龙骨、罩面板及其他吊顶材料在入场存放、使用过程中严格管理，保证板材不受潮、不变形、不污染。

（2）吊顶施工过程中，注意对已安装的门窗，已施工完毕的楼、地面、墙面、窗台等的保护，防止损伤和污染。

（3）吊顶施工过程中注意保护顶棚内各种管线。禁止将吊杆、龙骨等临时固定在各种管道上。

（四）护墙板等木饰面安装

1. 施工准备

（1）图纸准备

安装人员图纸准备过程中应注意的内容如下：

1）研读图纸，了解和掌握图纸及技术交底内容，检查深化图纸的完整性、合理性，确定木饰面安装顺序、编号，熟悉产品的性能和要求。对深化图纸与现场进行复核，发现问题及时反馈给有关施工管理人员。

2）了解预埋件和连接件的数量、规格、位置、防腐处理及环保要求，以及安装顺序、收口收头方式的节点等。

3）熟知施工方案并已接受施工交底，熟知施工中需要注意的事项，包括技术要点、质量要求等。

（2）材料准备

安装人员应根据设计及深化图纸、质量要求和相关技术规范对到场的材料进行逐一检查，以满足施工需要，检查的内容包含：

1）木饰面、木基层、防火涂料等在安装前的材料报验、复检均已合格（图6-18）。

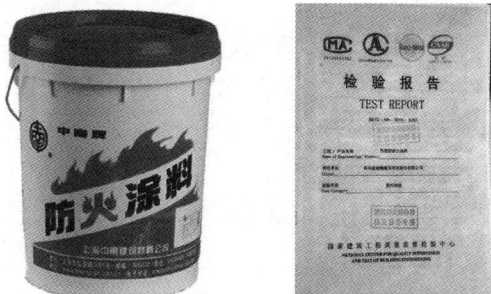

图 6-18　防火涂料、检验报告

2）应剔除基层板材料中腐朽、弯曲、脱胶、变色及加工不合格的部分。

3）木饰面漆面的品种、类型、颜色及成品后外观效果应符合设计要求，无明显色差。木饰面表面平整、边缘整齐，无污垢、裂纹、缺角、翘曲、起皮等表观缺陷（图6-19）。

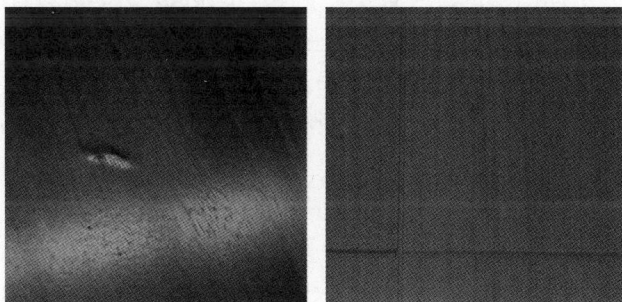

图 6-19　木饰面表面缺陷

4）产品的部件、五金配件、辅料等无缺失、损坏和质量缺陷等。

5）在白蚁等虫害高发地区，木饰面的非见光面已做好防虫处理。

6）预埋（或后置埋入）的木楔、木砖、木龙骨含水率经仪器测定符合设计要求，并已进行防腐、防火、防虫的"三防"处理。

（3）现场准备

安装人员进场后需要对现场进行细致的检查。根据现场的施工进度与条件，判断其是否满足木饰面安装的要求。对于检查不合格的部位，应提请相关单位进行整改。检查的内容至少应包括：

1）水平基准线，如 0.5m 线或 1.0m 线等，经过仪器检测，其误差应在允许范围以内。

2）基层墙面的抹灰工程已按设计要求完成。检查墙面的平整度、垂直度，其平整度误差不超过 3mm，垂直度误差不超过 3mm。

3）经仪器检测，基层含水率不大于 8%。如为外墙内面、卫生间隔墙背面等经常受潮墙面，需在安装前做防潮隔离层，木楔、木龙骨等应做防腐加强处理。

4）室内温度不低于 5℃。

5）房间的吊顶、地面分项工程基本完成，并符合设计要求。地面的湿作业工作必须结束，且湿度也应符合要求。吊顶封板已经完成，如未完成，需要确定吊顶完成面线并按此施工。

6）水电、设备及其管线已敷设完毕，各专业隐蔽工程已验收并会签确认。

7）施工现场临时用电条件具备。

（4）机具准备

施工前，安装人员应接受管理人员对其使用的机具所做的安全检查及使用技术交底，过程中接受监管。

安装人员在施工前应对机具配备情况、工作状况等进行例行检查，如发现异常情况，严禁使用。

1) 电（气）动工具

常用电（气）动工具有：电动圆锯、电动线锯机、冲击钻、电动螺丝刀、电动砂轮机、小型型材切割机、手持式修边机、空气压缩机、气动钉枪、手持式低压防爆灯、红外线激光仪等。

2) 手动工具

常用手动工具有：锯、刨、锤、钢直尺、钢卷尺、直角尺、2m靠尺、墨斗（线）等。

3) 耗材

常用的耗材有：自攻螺钉、直枪钉、麻花钻头、细齿锯片、批头、美工刀、铅笔、美纹纸、木饰面专用保护膜、护角板等。

2. 工艺流程

木饰面安装方法分为：粘贴法或干挂法。应根据不同的基层、工艺要求及环境条件等选择相应的安装方式。通常情况下，木饰面的木挂条干挂安装施工是一种相对成熟且适应性较广泛的安装方式。本节以木龙骨基层干挂木饰面的安装方法为例，介绍木饰面的施工工艺流程：基层检查—放线—木楔、木龙骨"三防"处理—木楔安装—龙骨安装—铺钉基层板—安装挂条—挂装木饰面板—收口线条安装—踢脚线安装。

基层木骨架安装构造见图6-20。

（1）基层检查

检查水平基准线是否已按要求标记好，误差在允许误差以内；基层含水率符合要求（图6-21）；基层表面平整度、垂直度、牢固度符合安装要求（图6-22~图6-24）。

（2）放线

根据深化图纸和现场的轴线、水平基准线等尺寸，确定基层龙骨的分格尺寸。将施工作业面按300~400mm均匀分格龙骨的中心位置，然后用墨斗放线，完成后进行复查。放线时应尽量避开墙面管线、砌块砖墙的砖缝等处。

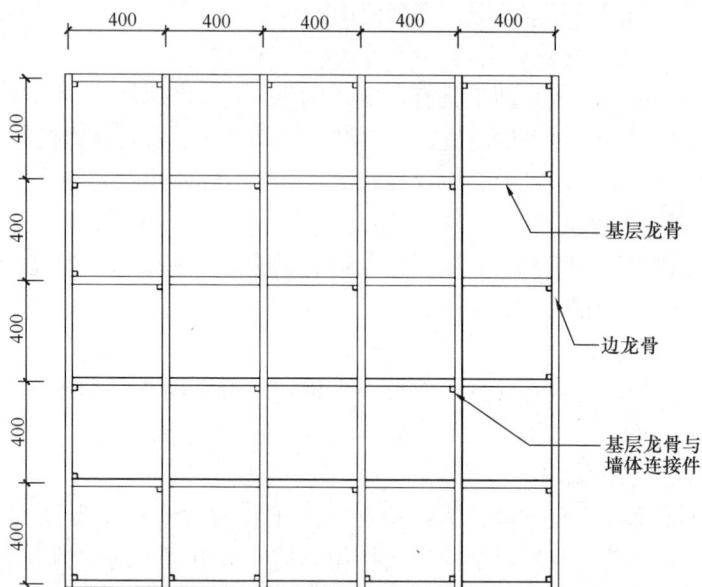

图 6-20　基层骨架安装示意

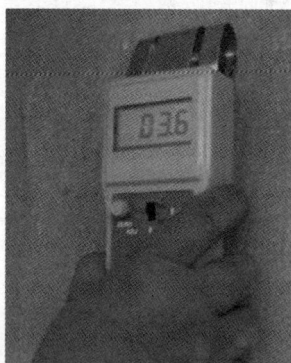

图 6-21　基层含水率检查

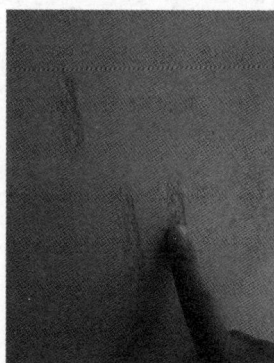

图 6-22　检查基层牢固度

图 6-23　检查基层平整度

图 6-24　不合格基层下整改单

（3）木楔、木龙骨"三防"处理

木楔、木龙骨等应在安装前进行"三防"处理。木楔、木龙骨防腐处理通常选用常温浸渍法。如采用涂刷法，防腐涂料宜均匀、满刷在木楔、木龙骨上。防火涂料采用涂刷法，每平方米的用量不宜低于500g，应至少涂刷三遍（图6-25）。防虫处理有喷洒法、浸渍法、涂刷法等几种方式。所有木制品做"三防"处理且经晾干符合要求后方可使用。

（4）木楔安装

在龙骨中心线交叉位置用冲击钻钻直径14～16mm、深30～50mm的孔（图6-26），将大于钻头直径2～5mm、长50～80mm

图 6-25　木龙骨"三防"处理

图 6-26　冲击钻钻孔

且经过防腐处理的木楔植入（图 6-27），安装过程中随时用 2m 靠尺或红外线激光仪检查平整度和垂直度，并进行调整，以达到质量要求。

（5）龙骨安装

通常情况下，采用 30mm×30mm 的方木。

1）制作木骨架：根据设计要求，先确定墙面分片尺寸位置，根据分片尺寸，加工出凹槽榫，在地面进行拼装，制作成木龙骨架。

2）固定木骨架：将制作好的木骨架立于墙面上（图 6-28），调整平整度、垂直度，达到要求后，用自攻螺钉将其固定在木楔上，如遇墙面阴阳角转角处，必须加钉竖向木龙骨。

图 6-27　木楔植入

图 6-28　龙骨安装

（6）铺钉基层板

基层板在安装前应在背面开卸力槽，用自攻螺钉固定在龙骨上。钉距 100mm 左右，且布钉均匀（图 6-29）。安装过程中随时用 2m 靠尺检查平整度和垂直度。封板前应进行隐蔽验收（图 6-30）。木饰面安装前应预先在基层板上进行放线，对于块状木饰面的安装要拉通线，保证木饰面的接缝直线度。

（7）安装挂条

采用经过"三防"处理的 12mm 胶合板正、反裁口挂条（图 6-31），两片挂条中的一条按间距 300～400mm，用自攻螺钉沿木龙骨方向固定，钉距 100mm 左右。挂装时应先预紧并校核木制品的安装定位准确无误后，再逐个紧固到位。安装完成后用手扳检查挂条安装的牢固度，确定无问题后再进行下一步安装。

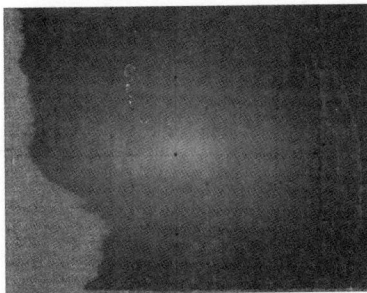

图 6-29　铺钉基层板

图 6-30　木饰面施工过程检验

（8）挂装木饰面板

木饰面的安装应依据设计图纸和深化图纸的安装顺序图进行。在木饰面的背面按安装位置放线，将两片挂条中的一条临时固定在木饰面背面，进行试装（图 6-32）。调整挂条位置至合适的尺寸后，刷白乳胶（聚醋酸乙烯酯），用自攻螺钉固定在木饰面背面板上。自攻螺钉的长度应按照挂条和木饰面的厚度确定，且钉入木饰面的深度不应超过木饰面厚度的 2/3。木饰面板安装前应对材料进行验收，保证木饰面无质量缺陷、色差等问题。安装过程中要执行"三检"制度，发现问题及时调整。木饰

图 6-31　木饰面挂条

图 6-32　木饰面现场安装

面连续安装长度超过 6m 或遇伸缩缝位置时，必须设置插条或者预留工艺收口槽（图 6-33）。木饰面安装时应参照水平基准线，保证工艺槽的跟通（图 6-34）。

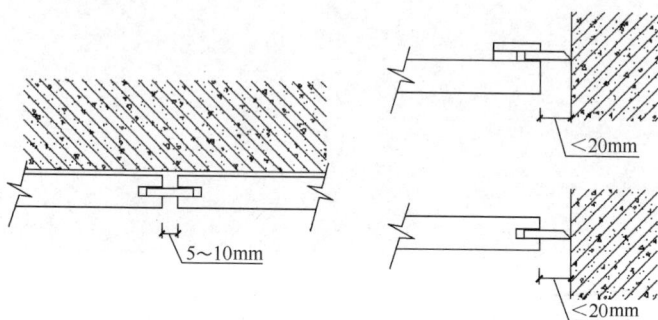

图 6-33　木饰面工艺槽、木饰面插条

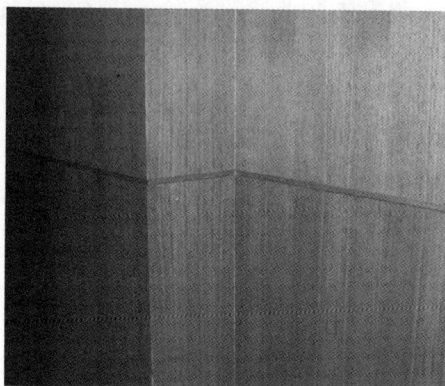

图 6-34　木饰面通缝安装

（9）收口线条安装

收口线条可按现场实际尺寸进行定尺加工，也可现场裁切。现场裁切时收口线条接缝处应采取加固措施或斜坡压槎处理，转角处要做接榫或者背后加固处理。用自攻螺钉或白乳胶将小木方牢固地固定在安装面上，试装线条确认尺寸、位置等合格后，在线条背面的槽口内均匀地薄涂一层白乳胶，将线条紧压在小木方上，保证收口线条与墙面贴紧，缝隙均匀。

（10）踢脚线安装

踢脚线可按现场实际尺寸进行定尺加工，也可现场裁切。裁切时踢脚线接缝处应做接榫或斜坡压槎处理，90°转角处要做成45°斜角接槎。将踢脚线挂条牢固地固定在基层板上，进行试装，无误后在踢脚线挂条插槽内均匀地薄涂一层白乳胶，紧压在挂条上，保证与墙面贴紧，上口平直。

3. 质量标准

（1）木饰面板、木基层等甲醛含量、含水率、翘曲度、吸水膨胀率、燃烧性等级以及所采用的胶粘剂、涂料等应符合国家现行的有关标准的规定。

（2）饰面板安装工程的连接件数量、规格、位置、连接方法和防腐处理必须符合设计要求，饰面板安装必须牢固。饰面板表面应平整、洁净、色泽一致，无裂痕和缺损。嵌缝密实、平直，宽度和深度应符合设计要求，嵌填材料色泽一致。

（3）饰面板边缘应整齐。安装时不得有少钉、漏钉和透钉的现象。各种配件安装应严密、平整、牢固；结合处应无崩坏、松动现象。

（4）安装允许偏差项目符合有关标准规定。

4. 质量通病预防

实际操作过程中会造成一些常见的质量问题，质量通病预防措施如下（表6-5）。

常见木饰面质量通病表   表6-5

序号	质量通病	通病图片	预防措施
1	木饰面色差较大		（1）单板选择时选用同一树种的木料，有条件时选择同一批次的木料； （2）油漆施工时，严格参照设计提供的色板，同一区域的木饰面采用同一批次的油漆； （3）安装前对木饰面的色差进行比对

序号	质量通病	通病图片	预防措施
2	木饰面接缝处高低差或接缝直线度误差较大		（1）安装过程中应随时对木楔、木龙骨、基层板、挂条的平整度进行检查，并及时进行调整； （2）安装过程中要执行"三检"制度，发现问题及时调整
3	木饰面阴角处通缝凹槽露基层		通缝木饰面阴角处采用45°拼角处理

5. 成品保护

（1）安装好的成品或半成品部件不得随意拆动，木龙骨及木饰面板安装时，应注意保护顶棚内装好的各种管线、木骨架的吊杆等。

（2）保护好已安装的门窗、已施工完毕的地面、墙面、窗台等，防止损坏。

（3）搬、拆架子或人字梯时注意不可碰撞成品木饰面或其他已完成部件。

（4）出厂的木制品可见光面应有保护措施，现场安装完毕后，应对1.5m以下的木制品易碰触的面、边、角装设保护条、护角板、护角套或保护膜进行保护，或对区域封闭保护，直至验收。

（5）严防水泥浆、石灰浆、涂料、颜料、油漆等下道工序施工污染墙面木饰面，不可在已做好的饰面上乱写乱画或脚踢、手摸等，以免造成二次污染。

（五）软包墙面

1. 施工准备

（1）图纸准备

施工人员在施工前应注意的内容如下：

1）对深化图纸与现场进行复核，发现问题及时反馈给施工管理人员。

2）了解软包墙面的材质、制作安装方式以及预埋、预留的隐蔽工程施工中管线位置，与其他材质饰面材料的接口、收口方式。

3）掌握施工中需要注意的事项，包括技术要点、质量要求等。

（2）材料准备

施工人员应根据设计及深化图纸、质量要求和相关技术规范对到场的材料进行逐一检查，以满足施工需要，检查的内容应包含：

1）软包墙面所选用的面料、内衬材料、胶粘剂、人造木质板、燃烧性能等级等材料报验、复检均已合格。

2）软包墙面所使用材质的颜色、图案和木材含水率应符合设计要求及国家现行标准的有关规定。

（3）现场准备

施工人员进场后需要对现场进行细致的检查。根据现场的施工进度与条件，判断其是否满足木饰面安装的要求。对于检查不合格的部位，应提请相关单位进行整改。检查的内容至少应包括：

1）水平基准线，如 0.5m 线或 1.0m 线等，经过仪器检测，其误差应在允许范围以内。

2）墙面的平整度、垂直度应进行检查，其误差符合要求，基层牢固度符合安装要求。

3）经检测，基层含水率不大于 8%。如为外墙内面、卫生间隔墙背面等经常受潮墙面，需在安装前做防潮隔离层，木楔、木龙骨等应做防腐加强处理。

4）室内温度不低于 5℃，施工现场临时用电条件具备。

5）室内湿作业完成，地面和顶棚施工已经全部完成（地毯可以后铺）。

6）不做软包的部分墙面面层施工基本完成，只剩最后一遍涂层。

7）软包墙、柱面上的水、电、风、暖、设备专业预留、预埋必须全部完成，电气穿线、测试完成并合格，管路打压、试水完成并合格，末端已定位，各专业隐蔽工程已验收并会签确认。

8）室内清扫干净。

（4）机具准备

参照本章"（四）护墙板等木饰面安装"有关机具准备内容。

2. 工艺流程

基层处理—放线、定位—龙骨、基层板制作—框架制作—内衬材料制作—面层制作—软包安装。

（1）基层处理

水平基准线已按要求标记好，误差在允许范围以内。基层含水率符合要求，如为外墙内面、卫生间隔墙背面等经常受潮墙面，墙面需在安装前做防潮隔离层（图 6-35）。基层表面平整度、垂直度、牢固度符合安装要求。吊顶、地面分项工程的进度符合安装要求，水、电、风、暖、设备及管线、末端的安装已完成，电气穿线、测试完成并合格，各种管路打压、试水完成并合格，并做好成品保护。

（2）放线、定位

根据深化图纸的软包完成面，在地面弹出沿顶、沿地龙骨的定位线。在沿顶、沿地龙骨的中心线处定位龙骨固定点，间距不大于 600mm，端头处不大于 300mm。在需做软包的墙面上，按设计要求的竖向龙骨间距进行放线，设计无要求时，间距一般不

图 6-35 墙面做防潮隔离层

大于 600mm。如遇阴阳角处，龙骨间距离不足 600mm 时，应增设一根龙骨。在竖向龙骨定位线上，定位龙骨固定点，间距不大于 600mm。放线过程中应注意避开设备、管线、末端的位置。

（3）龙骨、基层板制作

在定位好的龙骨固定点上用冲击钻打孔，孔径根据膨胀螺栓的规格确定，深度不小于 60mm。用膨胀螺栓固定沿顶、沿地龙骨。用膨胀螺栓将 U 形安装夹（支撑卡）固定在墙面上。将竖向龙骨卡入 U 形安装夹（支撑卡）两翼之间，并插入沿顶、沿地轻钢龙骨之间。铺钉基层板时，设计无要求时宜采用 E1 级细木工板或胶合板，铺钉用钉的长度应比底板厚度厚 20mm 以上。

根据设计要求的装饰分格、造型等尺寸在安装好的基层板上进行吊直、套方、找规矩、弹控制线等工作。按设计确认的深化设计图纸，将分格、造型按 1：1 比例反映到墙、柱面基层板上（图 6-36）。

（4）框架制作

根据弹好的控制线，计算用料，进行框架、衬板制作，套裁填充料和面料，内衬材料粘贴。衬板按设计要求选材，设计无要

73

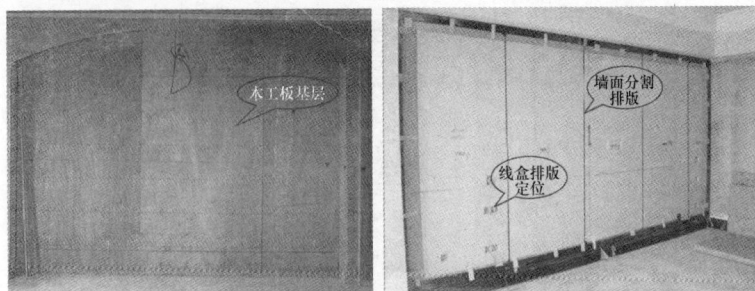

图 6-36　基层板上吊直、套方、找规矩、弹控制线

求时，应采用 9mm 的环保型胶合板，按弹好的分格线尺寸进行下料制作。在衬板一面的四周钉上一圈木条做软包的框架。木条的规格、倒角形式按设计要求确定，设计无要求时，木条厚度应根据内衬材料厚度决定。木条应进行封闭处理。衬板做好后应先上墙试装，以确定其尺寸是否正确，分缝是否通直、不错台，木条高度是否一致、平顺，然后取下来在衬板背面编号，并标注安装方向（图 6-37）。

图 6-37　框架、背板制作、试拼

（5）内衬材料制作

内衬材料的材质、厚度按设计要求选用。设计无要求时，必

须为阻燃环保型材料，厚度应大于10mm。内衬材料要按照衬板上所钉木条内侧的实际净尺寸剪裁下料。内衬材料四周与木条之间必须吻合、无缝隙，高度宜高出木条1～2mm，用环保型胶粘剂平整地粘贴在衬板上。

（6）面层制作

采用织物和人造革时，软包面层不宜进行拼接。由于受幅面影响，皮革使用前必须进行拼接下料，拼接时各块的几何尺寸不宜过小，并必须使各块皮革的鬃眼方向保持一致，接缝形式应符合设计和规范要求。

面层的织物、人造革等同一场所必须使用同一匹面料。面料制作前，必须确定正、反面，面料的纹理及纹理方向。在正放的情况下，织物面料的经纬线应垂直和水平，纹理方向必须一致。织物面料要先进行拉伸熨烫（图6-38）。

图6-38　织物面层制作

（7）软包安装

一般情况下，幅面较大或重量较重的软硬包应采用挂装的方法，幅面较小且重量较轻的软硬包也可以用胶粘剂粘贴。安装时应牢固无松动，板面应横平竖直，花纹图案吻合，工艺线跟通挺直。与其他材料收口处，接缝要均匀一致。

3. 质量标准

（1）软包面料、内衬材料及边框、压条的材质、颜色、图案、燃烧性能等级及有害物质含量应符合设计要求及国家标准的有关规定，木材的含水率应不大于12%。安装位置及构造做法应符合设计要求，龙骨、衬板、边框、压条应安装牢固，无翘曲，拼、接缝应平直、吻合，单块软包面料不宜有接缝，四周应绷压严密。

（2）软包工程表面应平整、洁净，表面无明显凹凸不平及皱折，图案应清晰、无色差，整体应协调美观。

（3）允许偏差项目符合有关标准规定。

4. 质量通病预防

软包制作安装实际操作过程中会造成一些常见的质量问题，预防措施如下（表6-6）。

常见质量通病表 表6-6

序号	质量通病	通病图片	预防措施
1	接缝不垂直、不水平		在开始铺贴第一块面料时必须认真检查，发现问题及时纠正。在预制镶嵌软包工艺施工时，各块预制衬板的制作、安装要注意对花和拼花
2	软硬包在使用一段时间后，布面出现起皱现象		（1）注意布料的收缩性能，制作过程中把布尽量拉紧。不要选用双层布。垫层可采用新型热熔胶玻纤板；（2）在布的背面刷一层薄胶，以不渗透布面为标准，然后再进行下道工序
3	用枪钉固定，枪钉痕迹明显		如安装必须要用枪钉固定时，可在隐蔽的地方或人的正常视线范围以外的部位进行固定

5. 成品保护

（1）安装人员应戴干净手套操作。

（2）操作时，边缝要切割修整到位，胶痕、灰尘等应及时擦除干净。

（3）电气设备安装或油漆等后续施工、维修过程，应注意保护墙面，防止面层污染。

（4）安装完成后，房间及时清理干净并封闭，不得用于堆料或其他用途，软包表面应用专用保护膜进行封包处理（图6-39）。

图 6-39　保护膜封包处理

七、地毯铺设

（一）楼梯地毯的铺设

本节以压杆固定式楼梯地毯铺设为例，介绍适用于宾馆酒店等大型公共场所的楼梯地毯铺设工艺。

1. 施工准备

（1）图纸准备

施工人员在施工前应注意的内容如下：

1）对深化图纸与现场进行复核，发现问题及时反馈给施工管理人员。

2）了解楼梯地毯的材质、安装方式以及预埋、预留的隐蔽工程施工中管线位置，与其他材质饰面材料的接口、收口方式（图7-1）。

3）掌握施工中需要注意的事项，包括技术要点、质量要求等。

（2）材料准备

施工人员应根据设计及深化图纸、质量要求和相关技术规范对到场的材料进行逐一检查，以满足施工需要，检查的材料包括：地毯、衬垫、胶粘剂、铜压条或不锈钢压条等（图7-2）。

（3）机具准备

地毯撑子、扁铲、墩拐、电钻、割刀、剪刀、尖嘴钳子、漆刷橡胶压边滚筒、烫斗、角尺、直尺、手锤、钢钉、小钉、盛胶容器、钢尺、合尺等。

（4）作业条件

1）在楼梯地毯铺设前，室内的其他装饰分项必须施工完毕。

楼面地毯
φ20钛合金或
不锈钢压条
地毯
地毯弹性胶垫
20mm厚水泥砂浆找平层
楼梯踏步

不锈钢压条
地毯
地毯弹性胶垫
20mm厚水泥砂浆找平层
原建筑楼梯楼板

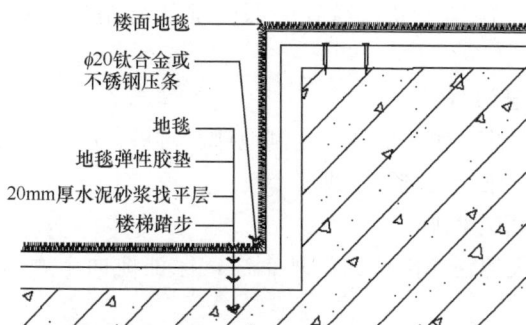

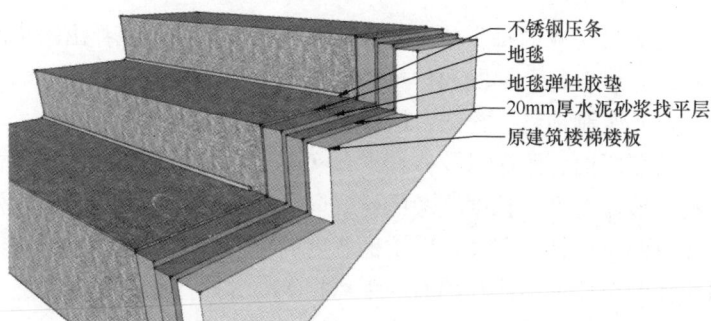

图 7-1　楼梯地毯节点

图 7-2　铜压条或不锈钢压条

　　2）铺设地毯的楼梯饰面层已完成，临空侧边栏杆及墙面侧边的踢脚板饰面层已完成，其铺贴面应平整、洁净。

　　3）施工前应在施工区域内放出施工大样，并做样板，定制地毯衬垫、楼梯地毯，经有关部门确认合格后按照样板进行施工。

2. 工艺流程

基层处理—测量放线—定制地毯、衬垫、压杆—铺设衬垫—铺设地毯—细部处理及清理。

（1）基层处理

将铺设地毯的楼梯面清理干净，保证地面干燥，满足铺贴要求。

（2）测量放线

复核已完成的每步楼梯踏步和休息平台尺寸，并弹出踏步的中心线，量取每个梯段和休息平台衬垫、地毯的实际尺寸。

（3）定制地毯、衬垫、压杆

按照踢面、踏面以及休息平台实际尺寸定制踏步和休息平台地毯。地毯宽度、长度应考虑衬垫厚度。每级踏步两端的阴角处各埋设两个压杆紧固件，以楼梯宽度的中心线对称埋设。紧固件圆孔孔壁至楼梯踏面和踢面的距离相等，并略小于地毯厚度。如未预埋，可打孔并用膨胀螺栓（或塑料膨胀管）固定。

（4）铺设衬垫

从顶级平台端部由上至下逐级铺设。衬垫在阳角处切成不断开的 $90°$，折合后用胶贴合在楼梯的踏、踢面上，每级踏步衬垫在阴角处切断，以便粘贴和消除误差。

（5）铺设地毯

从顶级休息平台端部由上至下逐级铺设。顶级地毯端部用压条钉于平台上，在每级踏步紧固件位置的地毯上切开小口，让压杆紧固件能从中伸出，然后将金属压杆穿入紧固件圆孔，拧紧调节螺钉（图 7-3）。

（6）细部处理及清理

需安金属防滑条的楼梯，在地毯固定好后，用膨胀螺栓（或塑料膨胀管）将金属防滑条固定在踏面阳角边缘。

对踏步的阳角、两边进行检查清理，必要时将毯面捋顺熨

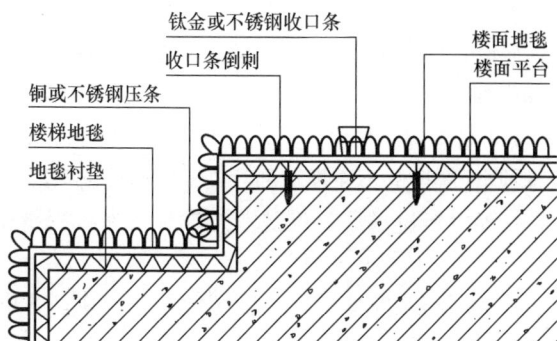

图 7-3　楼面平台与踏步地毯铺贴示意

平，应用吸尘器清扫干净，并将毯面上脱落的绒毛等彻底清理干净（图 7-4）。

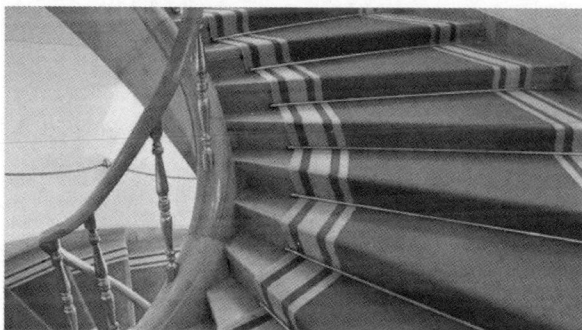

图 7-4　压杆固定式楼梯地毯

3. 质量标准

（1）地毯与基层固定必须牢固，无卷边、翻起现象，表面平整、密实，无打皱、鼓包现象。

（2）地毯与其他地面的收口或交界处应顺直。

（3）地毯的绒毛应理顺，表面洁净、无油污物等。

4. 质量通病预防

（1）地毯表面不平、打皱、鼓包。在铺设衬垫及地毯时，应按要求认真操作，粘结衬垫时要压实、压平。

（2）地毯与其他地面饰面材质在交界处采用不锈钢或其他收口条时，位置设置应不断优化，使脚感、观感尽量没有高低差。

5. 成品保护

（1）要保护好上道工序已完成的工程质量。注意保护好门窗框扇、墙纸、踢脚板等成品不遭损坏和污染。操作现场严禁吸烟。

（2）地毯等材料进场后，堆放、运输和操作过程中要加强保管工作。

（3）每道工序施工完毕时，注意关闭门窗，关闭水龙头，严防地毯泡水。

（4）若地毯铺装完成后仍有施工任务，应采用合理的保护措施，防止地毯压痕及落灰。

（二）复杂工艺地毯的铺设

1. 施工准备

（1）参照本章"（一）楼梯地毯的铺设"施工准备的相关内容。

（2）了解地毯铺贴工艺和不同材质收口做法（图7-5～图7-7）。

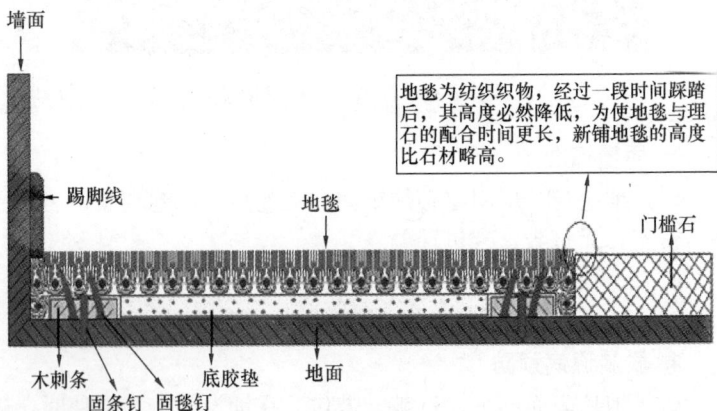

图 7-5　地毯铺装切面示意

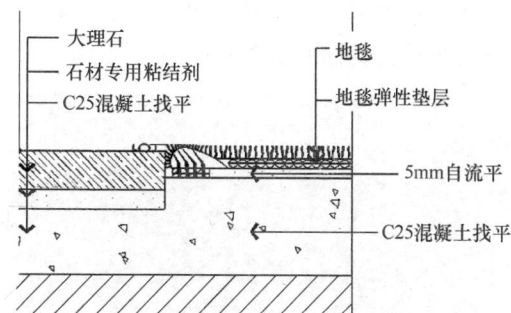

图 7-6　地毯与大理石收口

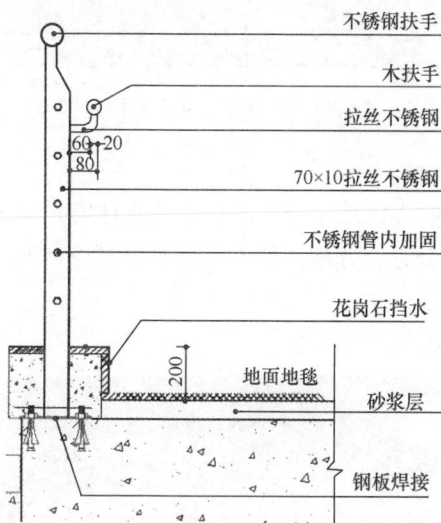

图 7-7　地毯与栏杆底部收口

2. 工艺流程

基层处理—测量放线—地毯剪裁—钉倒刺板—铺设衬垫—铺设地毯—细部处理及清理。

（1）基层处理

将铺设地毯的地面清理干净，保证地面干燥，并且要有一定的强度。检查地面的平整度偏差不大于 3mm，偏差较大时应打磨或做水泥自流平层。地面基层含水率不得大于 8‰（图 7-8）。

图 7-8　平整度、含水率检查

（2）测量放线

要严格按照设计图纸要求和房间的具体要求对房间的各个部分进行弹线、套方、分格。如无设计要求时应按照房间对称找中定位铺设（图 7-9）。

图 7-9　弹线

（3）地毯剪裁

地毯的裁割应在比较宽阔的地方统一进行，并按照每个房间实际尺寸，计算地毯的裁割尺寸，要求在地毯背面弹线、编号。原则是地毯的经线方向应与房间长向一致。地毯的每一边长度应比实际尺寸长出 2cm 左右，宽度方向以地毯边缘线后的尺寸计算。按照背面的弹线用手推裁刀从背面裁切，并将裁切好的地毯卷边上号，存放在相应的房间位置（图 7-10）。

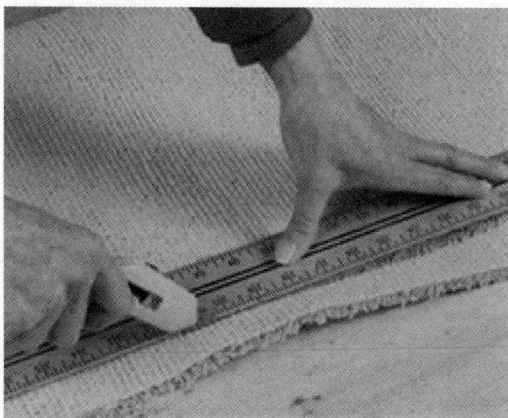

图 7-10　地毯剪裁

（4）钉倒刺板

沿房间墙边或走道四周的踢脚板边缘，用高强水泥钉（钉朝墙方向）将倒刺板固定在基层上，水泥钉间距 300mm 左右，倒刺板离踢脚板面 8~10mm（图 7-11）。

（5）铺设衬垫

将弹性衬垫胶粒面朝下，四周与倒刺板相距 10mm 左右，用点粘法刷聚醋酸乙烯乳胶粘贴在地面上。拼缝处用胶带粘合，防止衬垫滑移（图 7-12）。

（6）铺设地毯

使用张紧器（地毯撑）将地毯从固定一端向另一端推移张

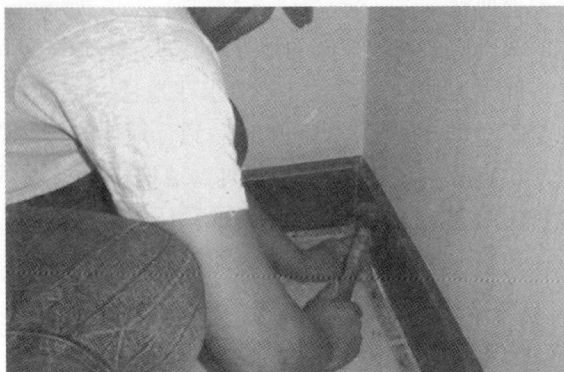

图 7-11　钉倒刺板

图 7-12　铺设衬垫

紧，每张紧 1m 左右后，使用钢钉临时固定，推到终端时，将地毯边固定在倒刺板上。再将地毯毛边用压毯铲塞入倒刺板与踢脚线之间的缝隙内（图 7-13）。

　　在边长较长的时候，应多人同时操作，拉伸张紧完毕时应确保地毯的图案无扭曲变形。

　　当地毯需要接长时，可采用缝合或烫带粘结（无衬垫时）的方式。将裁好的地毯虚铺在垫层上，然后将地毯卷起，在拼接处缝合。缝合完毕，用塑料胶纸贴于缝合处，保护接缝处不被划破或勾起，然后将地毯平铺，用弯针在接缝处做绒毛密实的缝合，表面不显拼缝。

图 7-13　推移张紧

（7）细部处理及清理

要注意门口压条处，走道与门厅或卫生间门槛，地面与管根、暖气罩、槽盒、踢脚板，楼梯踏步与过道平台，以及不同颜色地毯交界处等部位地毯的套割、固定、掩边工作。地毯面层必须粘结牢固，不应有显露、后找补条等缺陷。地毯铺装完毕，固定收口条后，应用吸尘器清扫干净，将地毯表面上脱落的绒毛等杂物彻底清理干净（图 7-6、图 7-7）。

3. 质量标准

（1）地毯与基层固定必须牢固，无卷边、翻起现象。表面平整，拼缝密实，无打皱、鼓包现象。

（2）地毯与其他地面的收口或交界处应顺直。

（3）地毯的绒毛应理顺，表面洁净、无油污物等。

4. 质量通病预防

地毯施工过程中，因材料、操作、环境等原因造成的常见质量缺陷及预防措施如下（表 7-1）。

常见地毯质量通病表   表 7-1

序号	质量通病	通病图片	预防措施
1	地毯表面不平整、起折、鼓包		（1）衬垫应铺贴平整； （2）地毯应张拉紧实； （3）地毯需完全挂住倒刺板； （4）安装时应控制室内湿度
2	地毯与石材收口处不平整		（1）地面找平前应确定地毯厚度，根据厚度尺寸找平地面； （2）地毯与石材地面平接时做好绒高找坡，拼接处可用不锈钢条收口

5. 成品保护

参照本章"（一）楼梯地毯的铺设"成品保护的相关内容。

八、用工、用料计算

（一）地板铺装用工、用料

1. 木地板损耗率的规定

根据国家标准，普通地板、软木复合地板铺装损耗率为铺装面积的 5%，软木地板铺装损耗率为铺装面积的 8%，特殊房间和特殊铺装由供需双方协商确定。

在实际铺装过程中，根据现场实际情况的不同，损耗率可能发生改变：

（1）规则房间的木地板铺装损耗率会较不规则房间损耗率小。

（2）大面积房间的木地板铺装损耗率会较小面积房间损耗率小。

（3）纵向或横向铺装的木地板损耗率会较人字铺或十字铺铺装损耗率小。

（4）按模数铺装的木地板损耗率会较未按模数铺装的损耗率小。

（5）产品化、集成式管理下的木地板损耗率会较粗放管理下损耗率小等。

2. 地板使用数量计算方法

（1）实木地板

常见规格有 900mm × 90mm × 18mm，750mm × 90mm × 18mm，600mm × 90mm × 18mm。

粗略的计算方法：房间面积 ÷ 地板面积 × 1.08 = 使用地板块数。

精确的计算方法：（房间长度÷地板长度）×（房间宽度÷地板宽度）＝使用地板块数。

以长5m、宽3m的房间，选用900mm×90mm×18mm规格地板为例：

房间长5÷板长0.9＝6块。

房间宽3÷板宽0.09＝34块。

长6块×宽34块＝用板总量204块。

实木地板铺装中通常要有5％的损耗。

木地板的施工方法主要有架铺、直铺和拼铺三种，但表面木地板数量的核算都相同，只需将木地板的总面积再加上5％左右的损耗量即可。

（2）复合地板

常见规格有900mm×90mm×18mm，750mm×90mm×18mm，600mm×90mm×18mm。

粗略的计算方法：

房间面积÷0.228×1.05＝地板块数。

以长5m，宽3m的房间为例：

房间长5÷板长1.2＝5块。

房间宽3÷板宽0.19＝16块。

长5块×宽16块＝用板总量80块。

复合木地板在铺装中常会有5％的损耗，如果以面积来计算，千万不可忽视这部分用量。它通常采用软性地板垫以增加弹性，减小噪声，其用量与地板面积大致相同。

（3）地板地龙骨数量计算

龙骨间距是地板长度的一半（0.5）。

900mm长度的地板是3的倍数（300mm）和4的倍数（225mm）。

300mm间距的地龙数＝房间面积×4÷地龙骨长度1/3错位。

225mm间距的地龙数＝房间面积×5÷地龙骨长度1/2

错位。

最边上 1 根，然后 300mm 用 2 根、600mm 用 3 根、900mm 用 4 根、1800mm 用 7 根，这样排过去的 1/2 错位。

常见规格：高 30mm×宽 50mm×长 4000mm 落叶松、樟子松。

（二）地毯铺装用工、用料

1. 地毯损耗率的规定

根据定额的要求，楼地面地毯铺装损耗率为铺装面积的 3%，地毯衬垫铺装损耗率为铺装面积的 10%；楼梯地毯铺装损耗率为铺装面积的 40.6%，地毯衬垫铺装损耗率为铺装面积的 50.2%。

在实际铺装过程中，根据现场实际情况的不同，损耗率可能发生改变：

参见本章"（一）地板铺装用工、用料"相关内容。

2. 地毯使用数量计算方法

如地毯幅面为 4m×25m，当房间宽度大于或小于 4m 时，地毯因裁切而产生损耗。当房间宽幅为 3.8m 时，因需裁切，地毯的损耗率变为 $(4-3.8)/4×100\%=5\%$。如房间长度为 4.5m，且共有 5 个房间时，损耗率变为 $5\%+(5-4.5)/5×100\%=15\%$。如房间内有 800mm×800mm 的柱体时，损耗率进一步变为 $15\%+(0.8×0.8)/(3.8×4.5)×100\%=18.74\%$。

（三）门窗安装用工、用料

1. 木门主要部位安装用工、用料比例

各类木门主要部位安装用工用料比例见表 8-1。

各类木门主要部位安装用工用料比例表　　表 8-1

木门种类		门框 (%)	门扇框、冒头、亮子 (%)	撑子及压条 (%)	门芯板 (%)	棂子 (%)	安装用工 (工日/m²)
			各部位用料比例				
夹板门	单扇	53	27	20			0.347
	双扇	42	34	24			0.347
镶纤维板门	单扇	47	53				0.347
	双扇	36	64				0.347
镶木板门	单扇	37	45		18		0.347
	双扇	27	52		21		0.347
半截玻璃门	单扇	40	42		15	3	0.404
	双扇	30	49		17	4	0.404
弹簧门全玻	单扇	35	53	3	5	4	0.648
	双扇	33	62	3		2	0.648
拼板门	单扇	38	41	1	20		0.347
	双扇	28	48	1	23		0.347

2. 各类木窗主要部位安装用工用料比例

各类木窗主要部位安装用工用料比例见表 8-2。

各类木窗主要部位安装用工用料比例表　　表 8-2

名称	扇数	窗框料 (%)	窗扇料 (%)	薄板料 (%)	安装用工 (工日/m²)
	木门种类				
无亮单层玻璃窗	单扇	62	38		0.647
	双扇	49	51		0.647
	三扇	45	55		0.647
有亮单层玻璃窗	单扇	56	44		0.635
	双扇	46	54		0.635
	三扇	51	49		0.635

木门种类		窗框料（%）	窗扇料（%）	薄板料（%）	安装用工（工日/m²）
名称	扇数				
有亮一玻一纱窗	单扇	48	52		0.635
	双扇	38	62		0.635
	三扇	41	59		0.635
单玻中悬窗	单扇	60	40		0.635
	上中悬、下平开	53	47		0.635
	上中悬、中固定、下平开	43	57		0.635
木百叶窗	一扇	49		51	0.976
	二扇	48		52	0.976
	三扇	42		58	0.976

九、验　收

（一）自　检

自检即生产者对自己所生产的产品，按照图纸、工艺或合同中规定的技术标准自行进行检验，并做出是否合格的判断。

这种检验充分体现了生产工人必须对自己生产产品的质量负责。通过自我检验，使生产者充分了解自己生产的产品在质量上存在的问题，并开动脑筋，寻找出现问题的原因，进而采取改进的措施，这也是工人参与质量管理的重要形式。

（二）互　检

互检即生产工人相互之间进行检验。

互检主要有：下道工序对上道工序流转过来的产品进行抽检；同一机床、同一工序轮班交接时进行的相互检验；小组质量员或班组长对本小组工人加工的三检制产品进行抽检等。这种检验不仅有利于保证加工质量，防止疏忽大意而造成成批地出现废品，而且有利于搞好班组团结，加强工人之间良好的群体关系。

（三）交　接　检

工序交接检查由施工单位技术负责人、专职质检员组织，由交接工序作业负责人、质检员检查参加，对已完工的工程产品质量检查验收，质量达标准要求的工序，填写工序交接单，完备交接手续，达不到质量标准要求的工序不能交接，必须采取措施进行处理。

十、常用机具使用和维护

（一）木工机械使用

1. 操作安全

（1）电动螺丝刀

电动螺丝刀是安装、拆卸自攻螺钉的专用工具（图 10-1）。常用于轻钢、木龙骨上各种人造板安装、木门窗自攻螺钉安装等。螺丝刀的刀头按螺钉的形状进行选择，包括一字形、十字形、梅花形、六角形、内六角形等。除电动螺丝刀外，还常采用气动螺丝刀，其操作简便，工作效率高。

图 10-1　电动螺丝刀

电动螺丝刀在使用时应注意：

1）使用前将适当的刀头安装牢固，旋紧套筒。

2）打开开关，检查电动螺丝刀的转向、扭矩是否符合要求。

3）自攻螺钉安装时，不可过度用力，最后阶段应稍稍收力，防止木工板滑丝或冲破纸面石膏板纸面。

（2）电动圆锯

电动圆锯是指用旋转锯齿刀片锯割各种材料的工具（图 10-2）。电动圆锯的锯齿刀片的规格与形状应根据被切割件的材质、软硬、光洁度要求等进行选择。

电动圆锯在使用时应注意：

1）使用时握稳电锯、开动手柄上的按钮，让其空转至正常

图 10-2　电动圆锯

转速，再进行锯切。

2）切割前，被切割件应被夹持在一个稳定的工作平台上，在被切割件上放线或用铅笔画出切割线，沿切割线位置锯切。

3）当锯片卡住或因任何原因导致的锯割中断时，释放开关扳机并握持圆锯在材料中不移动，直到锯片完全停止，不得在锯片处于运转或可能发生回弹的情况下尝试将圆锯从工件中拿走或向后拉动圆锯。

4）锯割完成，锯片未完全停下时，人手不得靠近锯片，当材料被锯到尽头时，应考虑用废旧材料推送，而非用手。

（3）电动曲线锯

电动曲线锯是利用锯条的往复直线运动对板材进行切割的机具（图 10-3）。电动曲线锯不仅能进行直线的切割，还可以切割复杂或带有较小曲率半径形状的板材，适用于木板、塑料板、金属板的切割。粗齿锯条适用于切割木板、塑料板；中齿锯条适用于切割层压板或有色金属板材；细齿锯条适用

图 10-3　电动曲线锯

于切割低碳钢板。如更换锋利刀片，还可以剪裁纸板、橡胶等。

电动曲线锯在使用时应注意：

1）使用时应握紧机具，按预先画好的切割线匀速前进。

2）不可左右晃动，遇到方向变化处不得用力过猛，否则会折断锯条。

（4）电钻、冲击电钻

电钻、冲击电钻的适用范围有所不同，电钻一般用于金属、塑料、木材等材料的钻孔；冲击电钻一般用于砖石、轻质混凝土、陶瓷、金属等材料的钻孔（图10-4）。

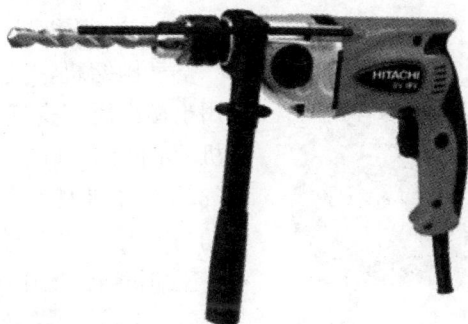

图 10-4　冲击电钻

电钻、冲击电钻在使用时应注意：

1）冲击电钻使用时应握紧辅助手柄，并使钻头与加工面垂直。

2）操作中应经常拔出钻头排屑，防止钻头扭断或崩头。

3）同时留意设备的声音和转速，发现异常情况应停机检查。

4）遇构件内埋有钢筋时，应避开。

5）应选用断续工作制。

6）使用后，按照使用说明书及时进行保养维修。

（5）型材切割机

型材切割机是指用固定在主轴上的平形砂轮切割金属的工具（图10-5）。一般用于圆形钢管、异型钢管、铸铁管、圆钢、角钢、槽钢、扁钢等型材的切割。

型材切割机在使用时应注意：

1）使用前检查锯片、机具是

图 10-5　型材切割机

否稳固，碳刷是否过度磨损。

2）切割机开动后应空转一段时间，检查转向是否正确。

3）运转过程中严禁触碰锯片。

4）使用过程中留意机具声音和转速，发现异常情况应停机检查。

（6）空气压缩机

空气压缩机，又叫气泵，主要用于输出压缩空气作为气动装饰机具的动力（图 10-6）。常用的气动装饰机具有气动螺丝刀、气动打钉枪、喷漆喷涂机具等。空气压缩机通常工作压力在 0.3～0.8MPa 之间，一般气动螺丝刀、气动打钉枪的最低气压为 0.3MPa，而喷漆喷涂则要求在 0.6MPa 以上。

图 10-6　空气压缩机

空气压缩机在使用时应注意：

1）使用压缩机前应检查润滑油、压力是否正常，确认正常后方可使用。

2）不可长时间连续使用，避免缸体过热，对压缩机产生不良影响。

3）使用过程中应注意压缩机是否有异常，正常运作的压缩机声响是均匀、无杂声，若发现气缸有敲击声则应停止工作检查（多是由于润滑油流失或气缸磨损而引起的）。

4）使用时，压缩机宜采取隔离措施，防止其他人员靠近、接触。

5）使用完毕后应清理空气隔片或更换易损耗零件等。

（7）气动打钉枪

气动打钉枪，也叫气动钉枪，用于硬度中等以下的非金属材料（如皮革、木材和塑料等）的打钉（图 10-7）。根据装钉形式的不同，可以分为条形钉（T）打钉枪、盘形钉（P）打钉枪、U形钉（U）打钉枪等。气动打钉枪使用时与空气压缩机连接，验收气压应为0.63MPa，最小工作气压不得小于0.3MPa。在木材上进行打钉时，枪钉应完全被打入木块中，打钉过程中不应出现卡壳和连击现象。

气动打钉枪在使用时应注意：

图 10-7　气动打钉枪

1）根据钉固工件的不同，选用合适的枪钉类型和长度。

2）操作时把枪嘴轻压在需钉接处，然后按下开关，枪钉用完后应立即装入枪钉，防止空枪。

3）试枪时，枪口不得对人，应将枪口朝下或在废料废件上测试。

4）使用完毕后，应立即取出枪钉，拔下气管。

5）应按说明书进行保养，经常检查并更换易损耗零件等。

2. 保养

每次机器使用完毕，应注意清理，按照使用说明书进行保养。

（二）木工机械修理

木工机械种类繁多，操作方法多样，其产生的故障也不尽相同。在使用过程中，由于设备老化、保养不当、操作失误等原因都可能造成木工机械的故障。本节列举了一部分常见的故障现象，进行原因分析并给出排除方法（表10-1～表10-3）。

圆锯机常见故障及排除方法　　　　表 10-1

故障现象	原因分析	排除方法
锯截时锯路太宽	锯片端面有摇摆	打磨锯片端面并进行检验
工作时锯片发热	(1) 锯齿钝化; (2) 锯片预应力不均	(1) 刃磨锯齿; (2) 预应力处理
锯末堵塞锯齿	齿槽有锐角	消除齿槽内的锐角
锯齿易钝、齿尖易崩裂	齿尖不在同一圆周上	刃磨齿形
锯片上靠近齿槽有裂缝	齿槽不够大	为防止裂缝继续蔓延,在裂缝末端钻 1.5~2.0mm 的孔

平刨机床常见故障及排除方法　　　　表 10-2

故障现象	原因分析	排除方法
刨削厚度不均匀	台面高度不当	调整台面
刨削两相邻面不垂直	导向板与台面不垂直	调整导向板
刨削面不光滑	(1) 刨刀齿尖不在同一圆周或平面上; (2) 刨刀钝化	(1) 重新安装刨刀; (2) 修整刨刀
传送带打滑	(1) 进给量过大; (2) 传送带过松	(1) 调整进给量; (2) 张紧传送带

钻床常见故障及排除方法　　　　表 10-3

故障现象	原因分析	排除方法
振动或噪声过大	(1) 钻头不直; (2) 钻头安装不垂直	(1) 更换钻头; (2) 停机,重装钻头
钻头打滑	钻头端部未卡紧	卡紧钻头
钻头卡塞	压力过大	减小下压力
钻头转动减速	压力过大	减小下压力
钻孔过慢	钻头磨损	(1) 更换钻头; (2) 修整钻头

十一、放线、检测工具

（一）水平尺与线坠找平、吊线和放线的使用

1. 水平尺

水平尺是利用水准泡液面水平的原理，检测被测表面相对水平位置、铅垂位置和倾斜位置偏离程度的一种计量器具（图 11-1）。水平尺一般由尺体（工作面）、水平位置水准器（铅垂位置水准器、45°位置水准器）组成。根据水平尺截面的不同，可以分为矩形水平尺、工字形水平尺、桥形水平尺等。水平尺按精度分类，可以分为 0 级、1 级、2 级、3 级四种，其中 0 级的精度最高。

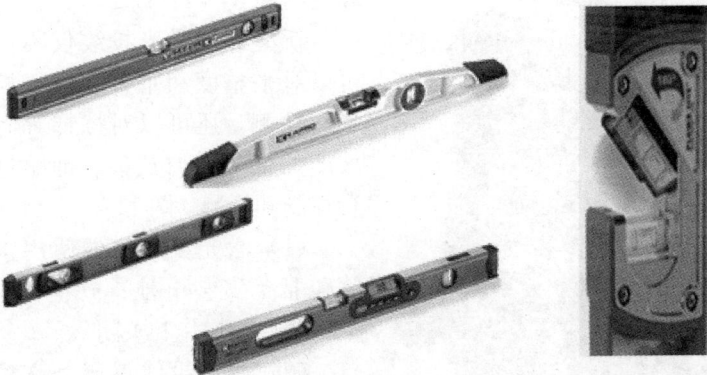

图 11-1　水平尺

2. 线坠

线坠，也叫铅锤，是指一种由金属（铁、钢、铜等）铸成的

圆锥形的物体，主要用于物体的垂直度测量，多见于建筑工程（图 11-2）。

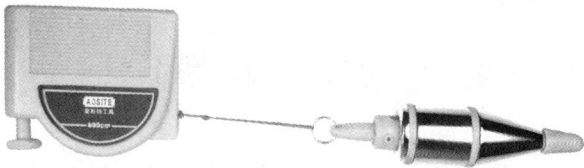

图 11-2　线坠

（二）红外线水准仪使用维护

本节以红外激光投线仪为例介绍红外线水准仪的使用与维护。

1. 使用方法

激光投线仪由开关、拎带、水平泡、按键、垂线、水平线和可调支腿组成，常用于施工现场放线，对平整度和垂直度的控制和检测等（图 11-3）。

新型红外激光投线仪不仅可以对平整度和垂直度进行控制和检测，还可以对楼梯等有坡度的部分精修放线、铺贴进行控制和检测（图 11-4）。

（1）激光投线仪的使用步骤包括：安装电池、放置、调平、开启、操作和关闭。

（2）激光投线仪属于高精度仪器，使用完应卸掉电池，擦拭干净，放入保护箱内，置于通风处，三脚架应放入保护套内，完好的保管有利于仪器

图 11-3　激光投线仪

图 11-4　坡度可调激光投线仪

长久的使用。

（3）激光投线仪准确性的检查方法：首先随机选取墙面一点作为测试点，根据这一点放出红外线，在其余墙面或柱体上标出3～4个测量点。接下来将激光投线仪从原先位置挪到其他任意位置（与第一个测试点相对的方向），选取一个已被标好的点为基准，观测其他标注点是否与其处在同一水平面上。若在同一平面上，便可确定该激光投线仪精确可信，即可在具体施工过程中被使用。在放线实施前，都需要依照上述三步检验激光投线仪的准确性。

2. 维护保养事项

按照生产厂家的产品使用说明书进行维护保养。

（三）检测工具的维护、保养

1. 塞尺

使用前必须先清除塞尺和工件上的污垢与灰尘；由于塞尺很薄，容易折断，测量时不能用力太大，以免塞尺遭受弯曲和折断；使用后应在表面涂以防锈油，并收回到保护板内；塞尺的测量面不应有锈迹、划痕、折痕等明显的外观缺陷；不可测量温度较高的工件（图 11-5）。

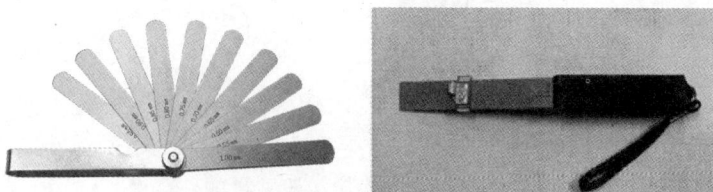

图 11-5　塞尺

2. 钢卷尺

（1）保持清洁，测量时不要使其与被测表面摩擦，以防划伤。拉出尺带不得用力过猛，而应徐徐拉出，用后让它徐徐退回（图 11-6）。

（2）刻度尺带只可卷，不可折。不允许将卷尺放在潮湿和有酸类气体的地方，以防锈蚀。

（3）不使用时应尽量放在防护盒中，避免碰撞和擦刮。

3. 内外直角检测尺

内外直角检测尺主要用于装饰工程的阴阳角方正度的检测（图 11-7）。检测时将方尺打开，用两手持方尺紧贴被检阳角的两个面，看其刻度指针所处的状态，当处于"0"时，说明方正度为 90°，偏离几格，即误差几毫米（该尺左右各设有 7mm 的刻度）。

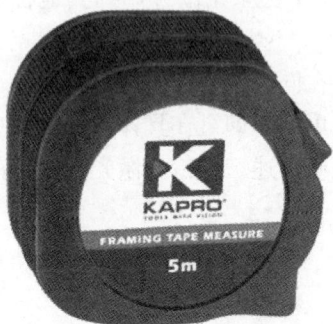

图 11-6　钢卷尺

4. 垂直检测尺

垂直检测尺可以检查垂直度、平整度、水平度，其使用方法如下：

（1）垂直度检测。检测尺为可展开式结构，合拢长 1m，展

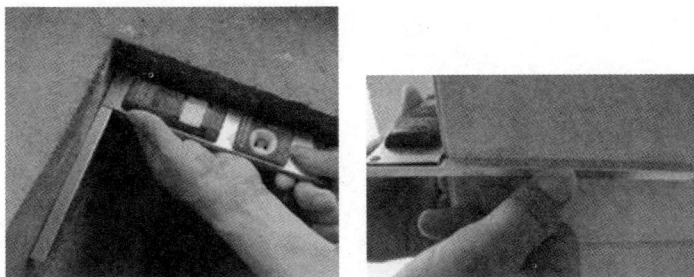

图 11-7　内外直角检测尺

开长 2m。用于 1m 检测时，推下仪表盖。活动销推键向上推，将检测尺左侧面靠紧被测面（注意：握尺要垂直，观察红色活动销外露 3～5mm，摆动灵活即可）。待指针自行摆动停止时，读取指针所指下行刻度数值，此数值即被测面 1m 垂直度偏差，每格为 1mm。2m 检测时，将检测尺展开后锁紧连接扣，检测方法同上，读取指针所指上行刻度数值，此数值即被测面 2m 垂直度偏差，每格为 1mm。如被测面不平整，可用右侧上下靠脚（中间靠脚旋出不要）检测。

（2）平整度检测。检测尺侧面靠紧被测面，其缝隙大小用楔形塞尺检测，其数值即平整度偏差。

（3）水平度检测。检测尺侧面装有水准管，可检测水平度，用法同普通水平仪。

（4）垂直检测尺（图 11-8）的校正方法。垂直检测时，如发现仪表指针数值偏差，应将检测尺放在标准器上进行校对调正，标准器可自制，将一根长约 2.1m 水平直方木或铝型材，竖直安装在墙面上，由线坠调正垂直，将检测尺放在标准水平物体上，用十字螺丝刀调节水准管"S"螺栓，使气泡居中。

图 11-8　垂直检测尺

习 题

一、图纸识读

(一) 判断题

1. 〔初级〕透视投影是一种中心投影。

【答案】正确

2. 〔初级〕所有建筑装饰工程设计都必须先完成初步设计。

【答案】错误。

【解析】只有重大的、技术要求严格、工艺流程复杂项目才需要做初步设计。

3. 〔中级〕建筑装饰装修家具与陈设平面布置图必要时还应确定家具上电器摆放的位置。

【答案】正确

4. 〔中级〕建筑装饰地面铺装图应标注地面的建筑标高。

【答案】错误

【解析】标注相对标高。

5. 〔高级〕建筑装饰装修地面铺装图地面构造做法可以用文字说明,也可以用剖切节点大样图表示。

【答案】正确。

(二) 单选题

1. 〔初级〕根据投影线的不同情况,投影可分为( )。

A. 中心投影和平行投影　　　　B. 中心投影和轴测投影

C. 平行投影和多面投影　　　　D. 平行投影和透视投影

【答案】A

【解析】一般制图、识图基本知识。

2. ［中级］物体在单一投影面上按平行投影法投影，得到的图形称为（   ）。

A. 中心投影图   B. 多面投影图

C. 轴测投影图   D. 透视投影图

【答案】C

【解析】轴测投影图概念。

3. ［中级］根据《房屋建筑室内装饰装修制图标准》JGJ/T 244—2011，顶棚平面图应标注内容不包括（   ）。

A. 顶面造型   B. 设备管道

C. 标高   D. 材料名称和做法

【答案】B

【解析】《房屋建筑室内装饰装修制图标准》JGJ/T 244—2011 规定，不标注设备管道。

4. ［中级］根据《房屋建筑室内装饰装修制图标准》JGJ/T 244—2011，方案设计顶棚平面图表达内容不包括（   ）。

A. 装饰装修造型位置的设计标高

B. 标注图纸名称

C. 标注细部尺寸

D. 标注制图比例

【答案】C

【解析】《房屋建筑室内装饰装修制图标准》JGJ/T 244—2011 规定，在顶棚平面图中，不需要标注细部尺寸。

5. ［中级］在识读室内装饰工程施工图时，施工员可以从（   ）中看出室内地坪的高差变化。

A. 平面布置图   B. 轴测图

C. 投影图   D. 结构图

【答案】A

【解析】施工图识读的方法与要求。

6. ［高级］关于建筑装饰装修施工图中的立面图标注尺寸的说法，错误的是（   ）。

A. 应标注标高 B. 应标注垂直方向尺寸

C. 应标注造型的细部尺寸 D. 应标注构造层尺寸

【答案】D

【解析】《房屋建筑室内装饰装修制图标准》JGJ/T 244—2011 规定，立面图上不需要标注构造层尺寸。

（三）多选题

1. ［中级］建筑装饰施工图设计文件包括( )。

A. 建筑装饰装修设计的施工图纸

B. 主要材料表

C. 图纸目录

D. 设计说明

E. 设计效果图

【答案】ABCD

【解析】建筑装饰施工图设计文件应包含的内容。

2. ［高级］房屋建筑施工图的主要图纸包括( )。

A. 建筑施工图 B. 智能化施工图

C. 结构施工图 D. 装饰施工图

E. 设备施工图

【答案】ACE

【解析】房屋建筑施工图应包含的主要图纸。

（四）案例题

某商场要进行装饰装修，施工前项目部进行图纸会审，其中关于该项目会审过程中提出的图纸要求反映在以下例题中。

1. 判断题

（1）［初级］施工图中的顶棚平面图，对于对称平面，对称部分的内部尺寸可以省略，对称轴部位应用连接符号表示。

【答案】错误

（2）［初级］绘制建筑装饰装修施工图中的顶棚平面图，应标注所需构造节点详图的索引号。

【答案】正确

2. 单选题

（1）〔中级〕室内建筑装饰装修陈设、家具平面布置图中，不需要标明陈设品的（　　）。

A. 名称　　　　　　　　　　B. 位置

C. 大小　　　　　　　　　　D. 品牌

【答案】D

（2）〔中级〕建筑装饰装修施工图中的顶棚平面图应省去平面图中门的符号，并用（　　）连接门洞以表示位置。

A. 中实线　　　　　　　　　B. 细实线

C. 中虚线　　　　　　　　　D. 细虚线

【答案】B

3. 多选题

〔高级〕在建筑装饰装修顶棚平面图上，顶棚造型上有（　　）。

A. 天窗　　　　　　　　　　B. 构件

C. 活动家具位置　　　　　　D. 装饰垂挂物

E. 标高

【答案】ABCE

二、房　屋　构　造

（一）判断题

1. 〔初级〕凡是高度大于 24m 的各类建筑，都属于高层建筑。

【答案】错误

【解析】民用建筑分类。居住建筑 10 层以上为高层。

2. 〔初级〕建筑高度是指建筑物自室外设计地面至建筑主体檐口或屋面面层的垂直高度。

【答案】正确

3. 〔中级〕屋顶的作用就是抵御自然界的风、霜、雨、雪、太阳辐射热和冬季低温等对建筑物的影响。

【答案】错误

【解析】民用建筑构造。

4. ［高级］基础是建筑构造的重要组成部分，也是建筑物的主要承重结构构件。

【答案】正确

(二) 单选题

1. ［初级］高度为28m的办公楼，属于( )建筑。

A. 低层   B. 高层

C. 多层   D. 中高层

【答案】B

【解析】本题考查的是民用建筑分类。高度大于24m的多层建筑属于高层建筑。

2. ［初级］下列建筑类型中不属于公共建筑的是( )。

A. 图书馆   B. 公寓

C. 商场   D. 公园

【答案】B

【解析】民用建筑分类。

3. ［中级］分类中属于高层建筑的是( )。

A. 1～3层   B. 4～6层

C. 7～9层   D. 10层以上

【答案】D

【解析】民用建筑分类。

4. ［中级］根据《民用建筑设计通则》GB 50352—2005的规定，住宅建筑按层数不同的分类中属于多层建筑的是( )。

A. 1～3层   B. 4～6层

C. 7～9层   D. 10层以上

【答案】B

【解析】民用建筑分类。

5. ［中级］民用建筑的分类中超高层建筑是指( )。

A. 10 层以上的建筑　　　　B. 17 层以上的建筑

C. 高度大于 24m 的建筑　　D. 高度大于 100m 的建筑

【答案】D

【解析】民用建筑分类。

6. ［中级］在房屋建筑中用于分隔室内空间的非承重内墙统称为(　　)。

A. 承自重墙　　　　　　　B. 幕墙

C. 填充墙　　　　　　　　D. 隔墙

【答案】D

【解析】民用建筑构造。

7. ［高级］屋面与外墙墙身的交接部位是(　　)。

A. 散水　　　　　　　　　B. 泛水

C. 檐口　　　　　　　　　D. 勒脚

【答案】C

【解析】民用建筑构造。

(三) 多选题

［初级］下列选项中属于墙体作用的是(　　)。

A. 承重　　　　　　　　　B. 防水

C. 围护　　　　　　　　　D. 分隔

E. 私密

【答案】ACD

【解析】墙体的作用包含承重、防水、围护、分隔。

(四) 案例题

某城市一高层民用建筑项目正在进行施工，其中关于该项目的描述反映在以下例题中。

1. 判断题

(1) ［初级］民用建筑按照其用途又分为居住建筑、公共建筑及综合建筑。

【答案】正确

(2) ［初级］高层的民用建筑多采用砖混结构。

【答案】错误

2. 单选题

(1)〔中级〕若建筑物高度超过 100m 时,则该建筑按层数分类可称为(   )。

A. 中高层   B. 高层

C. 超高层   D. 多层

【答案】C

(2)〔中级〕承受建筑物的全部荷载的构件是(   )。

A. 基础   B. 主体结构

C. 承重墙   D. 柱

【答案】A

3. 多选题

〔高级〕以下属于民用建筑主体结构的是(   )。

A. 柱   B. 梁

C. 楼板   D. 檐口

E. 散水

【答案】ABC

三、木门窗、木装修材料

(一) 判断题

1.〔初级〕针叶树材如杉木、柏木等,其轴向薄壁组织较为发达,所以容易辨别。

【答案】错误

【解析】木制品构造。

2.〔中级〕有的树木在生长季节内,因菌害、虫害、霜雹、火灾、干旱等影响,同一生长周期内会形成两个或两个以上的生长轮。

【答案】正确

3.〔高级〕早材至晚材的变化缓急,不同树种是有差异的,例如硬松类的马尾松、油松等由早材至晚材为缓变。

【答案】错误

【解析】木制品构造。

（二）单选题

1. ［初级］木结构中使用较广的结合形式之一是（　　），主要用在构件的接长连接和节点的连接。

A. 螺栓连接　　　　　　　　　B. 销连接

C. 齿连接　　　　　　　　　　D. 承拉连接

【答案】A

【解析】螺栓连接是木结构中使用较广的结合形式。

2. ［初级］木材的（　　）是人们利用肉眼和放大镜识别木材的依据，也是学习木材显微镜结构和超显微结构的基础。

A. 宏观构造特征　　　　　　　B. 显微结构特征

C. 超显微结构特征　　　　　　D. 表面结构特征

【答案】A

【解析】木材宏观构造特征的作用。

3. ［初级］从木材的横切面上看，有多数颜色较浅呈辐射状排列的组织称为（　　）。

A. 年轮　　　　　　　　　　　B. 生长轮

C. 木射线　　　　　　　　　　D. 胞间道

【答案】C

【解析】木射线的定义。

4. ［中级］木材的物理性质主要是指含水量、湿胀干缩、强度等性质，其中（　　）对木材的湿胀干缩和强度影响很大。

A. 含水量　　　　　　　　　　B. 湿胀干缩

C. 强度　　　　　　　　　　　D. 韧性

【答案】A

【解析】木材含水量对木材的湿胀干缩和强度影响最大。

5. ［中级］相对来说（　　）价格较便宜，活性时间长，抗菌性、耐水性好，但缺点是强度较其他胶差，历经数年后会开胶。

A. 膘胶   B. 皮胶

C. 乳胶   D. 酚醛树脂胶

【答案】C

【解析】乳胶的性能及缺点。

6. [高级] 当木材含水率在纤维饱和点以上，只是（　　）的增减发生变化时，木材的体积不发生变化。

A. 化合水   B. 结合水

C. 吸附水   D. 自由水

【答案】D

【解析】木材内自由水的特性。

（三）多选题

1. [初级] 木材按加工与用途的不同，可以分为圆材和锯材两种，锯材一般用做（　　）。

A. 罐道木   B. 门芯板

C. 纤维板   D. 枕木

E. 刨花板

【答案】ABD

【解析】锯材的一般作用。

2. [中级] 木材的强度主要是指其（　　）强度。由于木材的构造各向不同，使其强度有很大差异。

A. 抗拉   B. 抗压

C. 抗弯   D. 抗剪

E. 抗折

【答案】ABCD

【解析】木材强度主要指标包括抗拉、抗压、抗弯、抗剪。

（四）案例题

某宾馆客房进行装修施工，目前在进行木饰面安装，施工前对木饰面厂家进行后场跟踪，跟踪关注内容反映在以下例题中。

1. 判断题

（1）[初级] 薄木或单板剪截时，应首先顺纹剪截，而后横纹剪截。

【答案】错误

（2）［初级］对于较宽大工件的净光，需首先进行垂直木材纹理的砂光，再进行平行木材纹理的砂光，以得到既平整又光洁的表面。

【答案】正确

2. 单选题

（1）［中级］一些阔叶树材如（　　），心、边材无颜色区别，木材通体颜色均一，属于边材树种。

A. 榉木　　　　　　　　　　B. 水青冈

C. 水曲柳　　　　　　　　　D. 桦木

【答案】D

（2）［中级］沿树干长轴方向，与树干半径方向一致或通过髓心的纵截面是（　　）。

A. 横切面　　　　　　　　　B. 弦切面

C. 径切面　　　　　　　　　D. 纵切面

【答案】C

3. 多选题

［高级］边材树种的心、边材无颜色区别，木材通体颜色均一，如（　　）就属于边材树种。

A. 桦木　　　　　　　　　　B. 刺槐

C. 桤木　　　　　　　　　　D. 榉木

E. 柳木

【答案】AC

四、抄平、放线

（一）判断题

1. ［初级］水准仪使用的步骤为：仪器的安置、粗略整平、瞄准目标、精平、读数等。

【答案】正确

2.〔中级〕建筑测量工程中使用的水准仪分为水准气泡式和自动安平式。

【答案】正确

3.〔中级〕放线的主要作用是把图纸尺寸准确地弹到施工面上。

【答案】错误

【解析】还要保证装修部位尺寸和安装精度要求,消化误差。

4.〔中级〕在每次使用激光投射仪放线前,均需对仪器进行校验。

【答案】正确

5.〔高级〕在装饰工程测量放线前,应认真阅读施工图纸、设计答疑等相关的施工信息文件,明确设计要求。

【答案】正确

6.〔高级〕在装饰工程施工放线时,若空间实际尺寸与图纸理论尺寸不相符,可以在任何部位消化误差。

【答案】错误

【解析】以建筑装饰施工图为依据,为保证各种使用功能和装饰效果,把结构偏差消化在装饰效果要求不高或精度要求较低的部位。

(二)单选题

1.〔初级〕下列装饰施放的面线中,属于基层完成线的是（   ）。

A. 吊顶标高线　　　　　　B. 石材钢架线

C. 排版分割线　　　　　　D. 细部结构线

【答案】B

【解析】基层面线。

2.〔中级〕测量仪器的望远镜是由（   ）组成的。

A. 物镜、目镜、十字丝、瞄准器

B. 物镜、调焦透镜、目镜、瞄准器

C. 物镜、调焦透镜、十字丝、瞄准器

D. 物镜、调焦透镜、十字丝、目镜

【答案】D

【解析】望远镜的构成。

3. 〔中级〕在装饰工程中，激光投线仪的用途不包括(   )。

A. 投线　　　　　　　　B. 平整度检测

C. 垂直度检测　　　　　D. 对角线检测

【答案】D

【解析】投线仪的使用功能。

4. 〔中级〕手持测距仪是测距仪中的一种，体积小、携带方便，使用手持测距仪无法实现的是(   )。

A. 测角度　　　　　　　B. 测距离

C. 测面积　　　　　　　D. 测体积

【答案】A

【解析】可以完成距离、面积、体积等测量工作。

5. 〔中级〕室内装饰工程施工放线时，放线准备工作内容包括(   )。

A. 安全防护　　　　　　B. 资金准备

C. 设备准备　　　　　　D. 材料准备

【答案】A

【解析】安全防护属于现场准备。

6. 〔高级〕在装饰工程施工放线过程中，理论尺寸和实际尺寸误差消化的位置应选择在(   )。

A. 电梯井　　　　　　　B. 卫生间

C. 消防走廊　　　　　　D. 普通房间

【答案】D

【解析】在建筑装饰施工时，根据现场实际，以建筑装饰施工图为依据，为保证各种使用功能和装饰效果，把结构偏差消化在装饰效果要求不高或精度要求较低的部位。

7. 下列关于激光投线仪说法，错误的是（　　）。

A. 激光投线仪由开关、拎带、水平泡、按键、垂线、水平线和可调支腿组成

B. 使用步骤为安装电池、放置、调平、开启、操作和关闭

C. 使用激光投线仪施工放线前，需要检验激光投线仪的准确性

D. 激光投线仪属于低精度仪器，使用完应卸掉电池，擦拭干净，放入保护箱内，置于通风处

【答案】D

【解析】激光投线仪属于高精度仪器，使用完应卸掉电池，擦拭干净，放入保护箱内，置于通风处，三脚架应放入保护套内，完好的保管有利于仪器长久的使用。

8. 在建筑工程的装饰放线中，需要在地、墙、顶等位置标出基层或面层完成面线，下列面线中，不属于完成面线的是（　　）。

A. 地面完成面　　　　　　　B. 墙面完成面

C. 顶面完成面　　　　　　　D. 1m 线

【答案】D

【解析】认识完成面线。

（三）多选题

1. ［中级］在装饰放线排版时，通常以（　　）为原则。

A. 居中　　　　　　　　　　B. 通缝

C. 节材　　　　　　　　　　D. 设备安装

E. 工艺优化

【答案】ABC

【解析】在装饰放线排版时，通常以居中、通缝、节材为原则。

2. ［中级］在室内装饰工程测量放线施工时，首先应确定的线有（　　）。

A. 主控线　　　　　　　　　B. 轴线

C. 1m 线　　　　　　　　　D. 地面完成面线

E. ±0.000 线

【答案】ABC

【解析】在业主方、监理共同见证下，总承包方或者业主管理方到现场移交±0.000 线、总控线和轴线。

3. 建筑装饰装修工程中测量放线工作的主要有（　　），也称为测量放线的三项基本工作。

A. 距离测量　　　　　　　　B. 高程测量

C. 裂缝测量　　　　　　　　D. 角度测量

【答案】ABD

【解析】高程测量、角度测量和距离测量，这三项也称为测量的三项基本工作。

五、地 板 铺 设

（一）判断题

1. ［中级］建筑装饰装修地面铺装图应标注地面装饰的定位尺寸。

【答案】正确

2. ［中级］木龙骨基架应做防火、防蛀、防腐处理，并应选用烘干木方。

【答案】正确

3. ［中级］木地板安装的地面找平层的平整度应符合要求，其表面应坚硬、平整、洁净、不起砂，含水率不大于 12%。

【答案】错误

【解析】含水率不大于 8%。

4. ［中级］木地板木龙骨放线方向与地板走向垂直，放线位置为木龙骨中线位置，放线时应避开已有暗藏管线，防止打孔时误伤管线。

【答案】正确

(二) 单选题

1. ［初级］木地板铺设质量的控制,其表面平整度一般不应大于( )。

A. 2.0mm
B. 2.5mm
C. 3.5mm
D. 3.0mm

【答案】A

【解析】《建筑地面工程施工质量验收规范》GB 50209—2010 规定。

2. ［初级］实木地板施工中,木搁栅应垫实钉牢,与墙体应留出( )的缝隙。

A. 30mm
B. 20mm
C. 10mm
D. 5mm

【答案】B

【解析】《建筑地面工程施工质量验收规范》GB 50209—2010 规定。

3. ［中级］实木复合地板或中密度（强化）复合地板面层铺设方法错误的是( )。

A. 实铺
B. 空铺
C. 机械固定
D. 铺防潮垫

【答案】C

【解析】一般的铺装方法无机械固定方式。

4. ［中级］实木复合地板铺设时,相邻板材接头位置与墙之间应留出不小于( )mm 的空隙。

A. 8
B. 15
C. 30
D. 50

【答案】A

【解析】《建筑地面工程施工质量验收规范》GB 50209—2010 规定。

5. ［中级］实木复合地板铺设时,相邻板材接头位置应错开不小于( )mm 的距离。

A. 50   B. 100

C. 200   D. 300

【答案】D

【解析】《建筑地面工程施工质量验收规范》GB 50209—2010 规定。

6. 木地板钉接是用地板钉从板侧的凸榫边倾斜钉入，钉长为板厚度的（　　）倍。

A. 2～2.5   B. 1.5～2

C. 1～1.5   D. 1～1.2

【答案】A

【解析】木地板钉长为板厚度的 2～2.5 倍。

（三）多选题

1. ［初级］木地板翘曲、有响声的主要原因是（　　）。

A. 地板钉较短   B. 地板楞间距过大

C. 铺贴前原地面空鼓   D. 木地板之间间隙过紧

E. 地板不平整

【答案】BCD

【解析】木地板翘曲、有响声的质量通病原因。

2. ［高级］竹地板的（　　）性能优于实木地板。

A. 强度及硬度   B. 保温隔热性

C. 湿胀干缩及稳定性   D. 耐磨性

E. 环保性

【答案】AD

【解析】竹地板的特性。

（四）案例题

某装修项目包括大面积地板铺设，施工单位根据设计要求进行技术交底，其部分交底内容反映在以下例题中。

1. 判断题

（1）［初级］建筑地面工程施工时，采用有机胶粘剂粘贴时，环境温度应不低于10℃。

【答案】正确

（2）［中级］室内地面的水泥混凝土垫层，可以不设置伸缩缝。

【答案】错误

2. 单选题

（1）［初级］室内装修粘贴塑料地板时，不能采用溶剂型胶粘剂的场所是（　　）。

A. 学校教室　　　　　　　　B. 办公室

C. 商店　　　　　　　　　　D. 超市

【答案】A

（2）［中级］实木地板面层铺装时应（　　）。

A. 毛地板木材髓心朝下，其板间缝隙不应大于3mm，与墙之间留有小于8mm的缝隙

B. 毛地板木材髓心朝下，其板间缝隙不应大于3mm，与墙之间留有8～12mm的缝隙

C. 毛地板木材髓心朝上，其板间缝隙不应大于3mm，与墙之间留有小于8mm的缝隙

D. 毛地板木材髓心朝上，其板间缝隙不应大于3mm，与墙之间留有8～12mm的缝隙

【答案】D

3. 多选题

［高级］根据木材的性能，可知实木地板的特性主要有（　　）。

A. 质感好，装饰效果佳

B. 无污染，具有调节室内湿度的功能

C. 保温隔热性能好，弹性好，冬暖夏凉，足感舒服

D. 防静电

E. 导热系数小

【答案】ABCD

六、门窗、隔墙、吊顶、木装修

(一) 判断题

1. ［初级］门框完成后，在 1.2m 以下用 9 层板将框周围包好，防止碰撞，门窗套与墙面交界处贴纸胶带。

【答案】正确

2. ［初级］在刮风天施工时要及时将门窗关闭好，以防止门窗玻璃打碎和门窗框松动、变形。

【答案】正确

3. ［中级］冬期施工必须先安装门窗玻璃再进行室内装饰。

【答案】正确

4. ［高级］根据门中心线和门尺寸，在地面基层上标记出门套完成面线。

【答案】正确

(二) 单选题

1. ［初级］以下列选项中，不属于特殊门窗的是(　　)。

A. 防火门　　　　　　　　　　B. 钢质门窗

C. 卷帘门　　　　　　　　　　D. 全玻璃门

【答案】B

【解析】钢质门窗属于一般门窗。

2. ［初级］明龙骨吊顶工程施工中，饰面板上的灯具、烟感器、喷淋头等设备位置应合理、美观，与饰面板的交接应吻合、严密；感应器、喷淋头与灯具的间距不得小于(　　)。

A. 200mm　　　　　　　　　　B. 250mm

C. 300mm　　　　　　　　　　D. 400mm

【答案】C

【解析】有关吊顶规范规定。

3. ［初级］下列设备中，可以靠吊顶的龙骨承重的有(　　)。

A. 喷淋头　　　　　　　　　　B. 电扇

C. 大型吊灯　　　　　　　　D. 重型设备

【答案】A

【解析】有关吊顶规范规定。

4. ［中级］Ⅰ类民用建筑工程的室内木门窗装修，应该选用（　　）的人造木板。

A. E0 类　　　　　　　　　　B. E1 类

C. E2 类　　　　　　　　　　D. E3 类

【答案】B

【解析】有关防火规范规定。

5. ［中级］门框工程量为（　　）的面积。

A. 扇　　　　　　　　　　　　B. 框

C. 洞口　　　　　　　　　　　D. 樘

【答案】C

【解析】工程量计算规则规定。

6. ［高级］木门扇设计有纱扇者，纱扇按（　　）计算。

A. 纱扇外围面积　　　　　　　B. 洞外围面积

C. 框外围面积　　　　　　　　D. 以上均可

【答案】C

【解析】工程量计算规则规定。

7. ［中级］木门扇开关不灵活的主要原因是：地弹簧底座位置安装不准，门梃圆弧和门框圆弧不吻合或（　　）。

A. 对角线不准　　　　　　　　B. 竖风缝过大

C. 顶角冲斜　　　　　　　　　D. 风缝太小

【答案】D

【解析】木门扇开关不灵活的主要原因是：地弹簧底座位置安装不准，门梃圆弧和门框圆弧不吻合或风缝太小。

(三) 多选题

1. ［中级］下列（　　）属于门窗中的五金。

A. 风钩　　　　　　　　　　　B. 插销

C. 锁　　　　　　　　　　　　D. 百叶

E. 合页

【答案】ABCE

【解析】门窗五金包括风钩、插销、锁、合页。

2. ［高级］木门的门扇主要有（   ）两类。

A. 镶板式门扇   B. 开启式门扇

C. 蒙板式门扇   D. 活动式门扇

E. 旋转式门扇

【答案】AC

【解析】木门的门扇制作方式主要有镶板式、蒙板式。

七、地 毯 铺 设

（一）判断题

1. ［中级］暖气炉片、空调回水和立管根部以及卫生间与走道间应设有防水坎等，防止渗漏将已铺设好的地毯成品泡湿损坏。

【答案】正确

2. ［中级］地毯与其他材质地材在门口交界处，采用不锈钢或其他收口条时，位置应设置在门企口线外侧。

【答案】错误

【解析】地毯与其他材质地材在门口交界处，采用不锈钢或其他收口条时，位置应设置在门企口线内侧，以关门看不到分界线为准，并尽量没有高低差。

3. ［中级］地毯的主要技术性能包括：剥离强度、绒毛粘合力、弹性、耐磨性、抗静电性、耐燃性、抗老化性、抗菌性。

【答案】正确

（二）单选题

1. ［中级］铺设地面地毯基层必须加做防潮层，防潮层上做C20细石混凝土找平层时，其含水率应不大于（   ）%。

A. 15   B. 12

C. 10 D. 8

【答案】D

【解析】铺设地面地毯基层必须加做防潮层，可在防潮层上面做 50mm 厚 C20 细石混凝土，表面平整、光滑、洁净、应具有一定的强度，含水率不大于 8％。

2. ［中级］需要铺设地毯的房间、走道等四周的踢脚板下口应均匀离开地面(   )左右，以便于将地毯毛边掩入踢脚板下。

A. 3mm B. 8mm

C. 15mm D. 20mm

【答案】B

【解析】需要铺设地毯的房间、走道等四周的踢脚板下口应均匀离开地面 8mm 左右，以便于将地毯毛边掩入踢脚板下。

3. ［中级］地毯铺设工艺流程中铺设地毯前应(   )。

A. 弹线、套方、分格、定位 B. 钉倒刺板

C. 地毯剪裁 D. 铺设衬垫

【答案】D

【解析】地毯铺设工艺流程：基层处理—弹线、套方、分格、定位—地毯剪裁—钉倒刺板—铺设衬垫—铺设地毯—细部处理及清理。

4. ［中级］设置垫层拼缝时，应与地毯拼缝至少错开(   )。

A. 100mm B. 150mm

C. 180mm D. 200mm

【答案】B

【解析】垫层应按照倒刺板的净距离下料，避免铺设后垫层皱折，覆盖倒刺板或远离倒刺板。设置垫层拼缝时，应与地毯拼缝至少错开 150mm。衬垫用点粘法刷聚醋酸乙烯乳胶，粘贴在地面上。

5. ［中级］下列关于地毯施工的工艺错误的是(   )。

A. 地毯固定式铺设时，应后铺设踢脚线

B. 裁剪尺寸每段地毯长度应比房间长度长 20～30mm

C. 卡条固定的钉距为 300mm 左右

D. 卡条固定时应距离墙脚 10～20mm

【答案】A

【解析】做好踢脚板的铺设工作。踢脚板下口应均匀离开地面 8mm 左右，以便于将地毯毛边掩入踢脚板下。

6. [中级] 铺设地毯的卡条和压条可用水泥钉、木螺钉固定在基层，钉距为(   )mm 左右。

A. 100　　　　　　　　　　B. 300

C. 500　　　　　　　　　　D. 1000

【答案】B

【解析】卡条和压条可用水泥钉、木螺钉固定在基层，钉距为 300mm 左右。

（三）多选题

1. [中级] 地毯按生产所用材质不同，可分为(   )。

A. 簇绒地毯　　　　　　　　B. 化纤地毯

C. 混纺地毯　　　　　　　　D. 纯羊毛地毯

E. 塑料地毯

【答案】BCED

【解析】地毯按生产所用材质不同，可分为化纤地毯、混纺地毯、纯羊毛地毯、塑料地毯。

2. [中级] 引起地毯表面不平、打皱、鼓包的原因正确的是(   )。

A. 未按照操作工艺缝合

B. 未按照操作拉伸与固定

C. 未按照操作用胶粘剂粘结固定

D. 未认真检查各类材料并做好试铺工作

E. 未认真检查基层接槎是否平整

【答案】ABC

【解析】地毯表面不平、打皱、鼓包等问题的发生在于，铺设地毯这道工序时，未认真按照操作工艺缝合、拉伸与固定、用胶粘剂粘结固定。

(四) 案例题

某酒店客房需进行地毯铺装施工，铺装施工方案如下：对房间进行测量，按房间尺寸裁剪地毯；沿房间四周靠墙脚处将卡条固定于基层上，固定点间距为 500mm 左右。管理人员认为施工方案内容不明确，要求铺贴负责人进行修改。

根据背景资料，回答下列问题。

1. 判断题

(1)〔初级〕地毯铺装时，地毯面层的周边应压入踢脚线下。

【答案】正确

(2)〔初级〕卷材地毯宜先短向缝合，然后按设计要求铺设。

【答案】错误

2. 单选题

(1)〔中级〕空铺地毯面层时，应先对房间进行测量，按房间尺寸裁剪地毯。裁剪时每段地毯的长度应比房间长度长（   ）mm。

A. 10～20   B. 20～30
C. 30～40   D. 40～50

【答案】B

(2)〔中级〕采用卡条固定地毯时，应沿房间的四周靠墙壁脚（   ）mm 处将卡条固定于基层上。

A. 0～10   B. 10～20
C. 20～30   D. 30～40

【答案】B

3. 多选题

〔高级〕卡条和压条，可用水泥钉、木螺钉固定在基层，钉距错误的有（   ）mm。

A. 100   B. 300
C. 500   D. 800

E. 1000

【答案】ACDE

八、用工、用料计算

(一) 判断题

1. [初级] 根据国家标准，普通地板、软木复合地板铺装损耗率为铺装面积的 5%。

【答案】正确

2. [中级] 规则房间的木地板铺装损耗率会较不规则房间损耗率大。

【答案】错误

【解析】规则房间的木地板铺装损耗率会较不规则房间损耗率小。

3. [中级] 实木地板用量精确的计算方法：（房间长度÷地板长度）×（房间宽度÷地板宽度）＝使用地板块数。

【答案】正确

4. [中级] 门窗制作、安装工程量均按门窗扇尺寸计算。

【答案】错误

【解析】门窗制作、安装工程量有多种计算形式，不一定按门窗扇尺寸计算。

(二) 单选题

1. [中级] 根据国家标准，普通地板、复合地板铺装损耗率为铺装面积的(   )%。

A. 3   B. 5

C. 8   D. 10

【答案】B

【解析】根据国家标准，普通地板、软木复合地板铺装损耗率为铺装面积的 5%。

2. [中级] 根据定额的规定，楼地面地毯铺装损耗率为铺装面积的 3%，地毯衬垫铺装损耗率为铺装面积的( )%。

A. 5 B. 8

C. 10 D. 12

【答案】C

【解析】地毯衬垫铺装损耗率为铺装面积的 10%。

3. ［中级］实木地板粗略的计算方法为：房间面积÷地板面积×( )=使用地板块数。

A. 1.05 B. 1.08

C. 1.1 D. 1.2

【答案】B

【解析】粗略的计算方法：房间面积÷地板面积×1.08=使用地板块数。

4. ［中级］根据定额的规定，楼梯地毯铺装损耗率为铺装面积的 40.6%，地毯衬垫铺装损耗率为铺装面积的( )%。

A. 45.2 B. 50.2

C. 52.5 D. 55.5

【答案】B

【解析】根据定额的规定，楼梯地毯衬垫铺装损耗率为铺装面积的 50.2%。

5. ［中级］如地毯幅面为 4m×25m，当房间宽度大于或小于 4m 时，地毯因裁切而产生损耗。当房间宽幅为 3.8m 时，因需裁切，地毯的损耗率为( )%。

A. 3 B. 4

C. 5 D. 8

E. 10

【答案】C

【解析】地毯的损耗率为 (4−3.8)/4×100%=5%。

(三) 多选题

1. ［中级］实木地板常见规格有( )。

A. 900mm×90mm×18mm

B. 900mm×80mm×15mm

C. 750mm×90mm×18mm

D. 600mm×90mm×18mm

E. 500mm×90mm×15mm

【答案】ACD

【解析】实木地板常见规格有 900mm × 90mm × 18mm、750mm×90mm×18mm、600mm×90mm×18mm。

2. [中级] 如地毯幅面为 4m×25m，当房间宽度大于或小于 4m 时，地毯因裁切而产生损耗。当房间长度为 4.5m，且共有 5 个房间时，损耗率为(   )％。当房间内有 800mm × 800mm 的柱体时，损耗率为(   )％。

A. 15

B. 16.5

C. 18.74

D. 20.75

E. 22.5

【答案】AC

【解析】当房间长度为 4.5m，且共有 5 个房间时，损耗率为 5％＋(5－4.5)/5×100％＝15％。当房间内有 800mm×800mm 的柱体时，损耗率为 15％＋(0.8×0.8)/(3.8×4.5)×100％＝18.74％。

（四）案例题

某建筑装饰公司承担了某实木地板的装修施工任务。实木地板铺设时，地坪面抹 1∶1∶6（水泥∶黄砂∶石膏灰）找平层；木龙骨采用膨胀螺栓固定；安装木龙骨时找平层强度达到设计强度的 60％；设计中未明确木龙骨和地板的方向，木龙骨顺着房间长向布置，木龙骨接头采用平接头；铺设面层地板的板缝为 1mm。

根据背景资料，回答下列问题。

1. 判断题

（1）[中级] 实木地板面板铺设，木龙骨顺着房间长向布置。

【答案】错误

（2）［中级］木地板固定采用圆钢钉。

【答案】错误

2. 单选题

（1）［中级］不适合木龙骨形式铺装的木地板是（　　）。

A. 榫接实木地板　　　　　　B. 平接实木地板

C. 仿古实木地板　　　　　　D. 拼花实木地板

【答案】D

（2）［中级］为防止实木地板面层整体产生线膨胀效应，木龙骨应垫实钉牢，木龙骨与墙之间留出（　　）mm 的缝隙。

A. 15　　　　　　　　　　B. 20

C. 30　　　　　　　　　　D. 40

【答案】C

3. 多选题

［中级］上述案例背景资料里有错误的步骤有（　　）。

A. 地坪面抹 1∶1∶6（水泥∶黄砂∶石膏）找平层

B. 木龙骨采用膨胀螺栓固定

C. 木龙骨的接头采用平接头

D. 铺设面层地板的板缝为 1mm

E. 安装木龙骨时找平层强度达到设计强度的 60%

【答案】ADE

九、验　收

（一）判断题

1. ［中级］本工种工作完成后，不同工种间还应进行互检。

【答案】正确

2. ［中级］交接检由施工员或质量员组织，上下道工序施工班组长和工种负责人等参加。

【答案】正确

3. ［中级］隐蔽工程必须办理隐蔽工程记录，由参加各方签名确认以后，方可转入下一工序施工。

【答案】正确

（二）单选题

1. ［中级］自检合格后，由项目部（   ）验收。

A. 施工员   B. 质量员

C. 安全员   D. 项目经理

【答案】B

【解析】自检合格后，由项目部施工质量管理人员验收。

2. ［中级］隐蔽工程验收记录是竣工资料的重要组成部分，应由项目（   ）收集整理归档保存。

A. 资料员   B. 材料员

C. 施工员   D. 质量员

【答案】A

【解析】隐蔽工程验收记录是竣工资料的重要组成部分，应由项目资料员收集整理归档保存。

（三）多选题

1. ［中级］互检能使班组间（   ）。

A. 互相沟通   B. 互相督促

C. 互相学习   D. 互相鼓励

E. 共同提高

【答案】ABCE

【解析】互检能使班组间互相沟通、互相督促、互相学习、共同提高。

2. ［中级］交接检检查的内容包括（   ）。

A. 原材料质量情况   B. 工序操作质量情况

C. 工序质量防护情况   D. 工艺工法使用情况

E. 施工环境的保护情况

【答案】ABC

【解析】交接检检查内容包括原材料质量情况、工序操作质量情况、工序质量防护情况等。

3. ［中级］交接检时，上一班人员必须对接班人员进行（　　）交接（交底），并做好交接记录。

A. 工序　　　　　　　　　　B. 质量

C. 技术　　　　　　　　　　D. 数据

E. 验收记录

【答案】BCD

【解析】上一班人员必须对接班人员进行质量、技术、数据交接（交底），并做好交接记录。

十、常用机具使用和维护

（一）判断题

1. ［中级］机械的电源安装、拆除及机械电气故障的排除，应由专业工人进行。机械应使用倒顺双向开关。

【答案】错误

【解析】机械的电源安装、拆除及机械电气故障的排除，应由专业工人进行。机械应使用单向开关，不得使用倒顺双向开关。

2. ［中级］装设除尘装置的木工机械作业前，应先启动排尘装置，排尘管道不得变形、漏气。

【答案】正确

3. ［中级］机械保养必须贯彻"养修并重，预防为主"的原则。

【答案】正确

4. ［中级］保养人员和保养部门应做到"三检一交（自检、互检、专职检查和一次交接合格）"，不断总结保养经验，提高保养质量。

【答案】正确

（二）单选题

1. ［中级］在机械运行的前后及过程中进行的清洁和检查，

属于（　　）保养。

　　A. 例行保养　　　　　　　　B. 一级保养

　　C. 二级保养　　　　　　　　D. 定期保养

　　【答案】A

　　【解析】例行保养是在机械运行的前后及过程中进行的清洁和检查。

　　2. ［中级］例行保养由（　　）自行完成，并认真填写《机械例行保养记录》。

　　A. 技术工人　　　　　　　　B. 操作人员

　　C. 班组长　　　　　　　　　D. 安全员

　　【答案】B

　　【解析】例行保养由操作人员自行完成，并认真填写《机械例行保养记录》。

　　3. ［中级］机械作业场所应配备齐全可靠的（　　）；在工作场所不得吸烟或动火，并不得混放其他易燃易爆物品。

　　A. 吸烟室　　　　　　　　　B. 休息室

　　C. 卫生间　　　　　　　　　D. 消防器材

　　【答案】D

　　【解析】机械作业场所应配备齐全可靠的消防器材；在工作场所不得吸烟或动火，并不得混放其他易燃易爆物品。

　　4. ［中级］机械保养坚持推广以"清洁、润滑、调整、紧固、防腐"为主要内容的（　　）作业法，实行例行保养和定期保养制，严格按照使用说明书规定的周期及检查保养项目进行。

　　A. "十字"　　　　　　　　　B. "交叉"

　　C. "重叠"　　　　　　　　　D. "同步"

　　【答案】A

　　【解析】机械保养坚持推广以"清洁、润滑、调整、紧固、防腐"为主要内容的"十字"作业法，实行例行保养和定期保养制，严格按使用说明书规定的周期及检查保养项目进行。

　　5. ［中级］木工手推电锯使用注意事项：下锯时（　　），以免锯片卡住；锯片对面不要站人。

A. 使其自然下落

B. 上下移动

C. 不要用力过猛

D. 先用较小的力，后用大力

【答案】C

【解析】木工手推电锯使用注意事项：下锯时不要用力过猛，以免锯片卡住；锯片对面不要站人。

（三）多选题

1. ［中级］木材切削操作时，应根据木材的（　　）选择合适的切削和进给速度；操作人员与辅助人员应密切配合，并应同步匀速接送料。

A. 材质　　　　　　　　　B. 粗细

C. 湿度　　　　　　　　　D. 硬度

E. 含水率

【答案】ABC

【解析】操作时，应根据木材的材质、粗细、湿度等选择合适的切削和进给速度；操作人员与辅助人员应密切配合，并应同步匀速接送料。

2. ［中级］机具保养人员和保养部门应做到（　　），不断总结保养经验，提高保养质量。

A. 自检　　　　　　　　　B. 互检

C. 巡检　　　　　　　　　D. 专职检查

E. 交接合格

【答案】ABDE

【解析】保养人员和保养部门应做到"三检一交（自检、互检、专职检查和一次交接合格）"，不断总结保养经验，提高保养质量。

十一、放线、检测工具

（一）判断题

1.〔中级〕现在的水准仪多是倒像望远镜，读数时应由下而上进行。

【答案】错误

【解析】现在的水准仪多是倒像望远镜，读数时应由上而下进行。

2.〔高级〕在冬季，放线仪器不可存放在暖气设备附近。

【答案】正确

（二）单选题

1.〔中级〕水平尺按精度分类，可以分为0级、1级、2级、3级四种，其中（　　）级的精度最高。

A. 0　　　　　　　　　　　　B. 1

C. 2　　　　　　　　　　　　D. 3

【答案】A

【解析】水平尺按精度分类，可以分为0级、1级、2级、3级四种，其中0级的精度最高。

2.〔高级〕存放测量放线仪器的库房，要采取严格（　　）措施。

A. 防潮　　　　　　　　　　B. 防霉

C. 防火　　　　　　　　　　D. 防雨

【答案】A

【解析】存放仪器的库房，要采取严格防潮措施。库房相对湿度要求在60%以下，特别是南方的梅雨季节，更应采取专门的防潮措施。

（三）多选题

1.〔中级〕水平尺主要作用是（　　）。

A. 检验　　　　　　　　　　B. 测量

C. 划线   D. 建筑工程

E. 室内工程

【答案】ABC

【解析】水平尺用于检验、测量、划线、设备安装、工业工程的施工。

2. [中级] 下列属于激光投线仪维护保养的是(   )。

A. 避免阳光直晒，不可随便拆卸仪器

B. 仪器有故障，由班组长或修理部修理

C. 正确合理使用和保管对仪器精度和寿命有很大的作用

D. 每个微调都应轻轻转动，不可用力过大

E. 每次使用完后，应对仪器擦干净，保持干燥

【答案】ACDE

【解析】红外线水准仪维护保养事项：（1）水准仪是精密的光学仪器，正确合理使用和保管对仪器精度和寿命有很大的作用；（2）避免阳光直晒，不可随便拆卸仪器；（3）每个微调都应轻轻转动，不可用力过大。镜片、光学片不可用手触片；（4）仪器有故障，由熟悉仪器结构者或修理部修理；（5）每次使用完后，应对仪器擦干净，保持干燥。

3. [中级] 激光投线仪由开关、拎带、(   )组成，常用于施工现场放线，对平整度和垂直度的控制和检测等。

A. 水准线   B. 按键

C. 水平线   D. 垂线

E. 可调支腿

【答案】BCDE

【解析】激光投线仪由开关、拎带、水平泡、按键、垂线、水平线和可调支腿组成，常用于施工现场放线，对平整度和垂直度的控制和检测等。

4. [中级] 水准仪的使用步骤包括(   )。

A. 安置   B. 粗平

C. 瞄准   D. 精平

E. 读数

【答案】ABCDE

【解析】水准仪的使用包括：水准仪的安置、粗平、瞄准、精平、读数五个步骤。

参 考 文 献

[1] 住房和城乡建设部. 建筑装饰装修工程质量验收标准. GB 50210 2018[S]. 北京：中国建筑工业出版社，2018.

[2] 王汉林，胡本国. 建筑装饰技能实训[M]. 北京：中国建筑工业出版社，2016.

[3] 赵王涛. 木工[M]. 北京：中国建筑工业出版社，2016.

[4] 建筑施工手册(第五版)编委会. 建筑施工手册(第五版)[M]. 北京：中国建筑工业出版社，2013.

[5] 住房和城乡建设部. 建筑施工模板安全技术规范 JGJ 162—2008[S]. 北京：中国建筑工业出版社，2008.

[6] 朱树初. 装修装饰木工操作技巧[M]. 北京：中国建筑工业出版社，2003.

[7] 建设部人事教育司组织编写. 木工[M]. 北京：中国建筑工业出版社，2002.